设施园艺作物生产关键技术问答丛书

设施葡萄
栽培与病虫害防治

SHESHI PUTAO ZAIPEI YU
BINGCHONGHAI FANGZHI BAIWEN BAIDA

百问百答

王海波　刘凤之　主编

中国农业出版社
北　京

作者简介 ZUOZHE JIANJIE

　　王海波，男，1978年3月出生，山东安丘人，研究员。现任中国农业科学院果树研究所副所长、农业农村部园艺作物种质资源利用重点实验室主任、中国农业科学院创新工程浆果类果树栽培与生理科研团队执行首席，兼任中国科普作家协会农业科普创作专业委员会委员、中国设施园艺分会理事、中央人民广播电台乡村之声特约宣传顾问、辽宁省园艺学会理事兼副秘书长、辽宁省土壤学会理事、甘肃省特聘专家等社会职务。参加工作以来主要从事果树栽培生理与技术、果树新品种选育的科研与示范推广工作，经多年研究，建立了完善的设施葡萄栽培理论与技术研究体系，在栽培设施设计、品种选择、高光效省力化树形和叶幕形、休眠调控、肥水高效利用和无土栽培、品质调控与功能果品生产、连年丰产等关键技术和产品方面取得突破性进展。先后主持或参加课题20余项；获得华耐园艺科技奖等奖励3项，参与育成新品种8个；发表论文100多篇，主编或参编科技著作8部；获发明专利10项，实用新型专利16项，其中2项专利和1项技术以300万元的价格实现转让和授权实施；研发出果园机械设备14台套，以及氨基酸水溶性果树叶面肥与葡萄同步全营养配方肥等新产品2项。先后被授予全国农业农村系统先进个人、中国农科院优秀共产党员、中国农科院十佳青年、中国农科院先进工作者、中国农科院扶贫攻坚先进个人和葫芦岛市劳动模范等荣誉称号，为科技援疆做出了突出贡献。鉴于在果树产业上做出的突出贡献，《人民日报》2018年8月12日第11版以"扎根大地，做农民的好兄弟"为题进行了报道；2019年6月5日《人民周刊》又以"创新研发，扎根果树产业"为题进行了报道。

刘凤之，男，现为中国农业科学院果树研究所研究员，国家葡萄产业技术体系栽培与土肥研究室主任，养分管理岗位科学家，中国农业科学院创新工程浆果类果树栽培与生理科研团队首席科学家，兼任中国园艺学会果树专业委员会主任，农业农村部果树专家技术指导组成员，中国农学会葡萄分会副理事长。1984年7月毕业于南京农业大学园艺系果树专业，获农学学士学位。1984年8月至今一直在中国农业科学院果树研究所主要从事果树栽培技术研发与科技管理工作，曾任中国农业科学院果树研究所科研处副处长、栽培研究室主任、副所长和所长。主要研发工作包括葡萄抗寒、抗病、优质及特色新品种选育，葡萄优质高效栽培技术与生理研究和果树种质资源收集、保存与创新利用等。参加工作以来，主持及参与完成国家、省部级科研课题20余项，其间获得国家三农科技服务金桥奖，2016年度中国园艺学会华耐园艺科技奖，参与项目获国家科技进步二等奖一项、省部级科技成果一等奖2项、二等奖1项、三等奖2项和中国农业科学院科技成果一等奖2项。被授予全国农业科技普及先进个人和全国星火科技先进工作者等多项荣誉称号。在《中国农业科学》和《园艺学报》等核心期刊发表论文100余篇，主编或参编科技著作12部，主持制订农业部行业标准3项，获得国家发明专利6项、实用新型专利14项。

本书编写人员

主　　编　王海波　刘凤之
副 主 编　王孝娣　史祥宾
参编人员　王宝亮　冀晓昊　王小龙　张艺灿　李　鹏
　　　　　王志强　马玉全　杨明昊　李玉梅　周宗山

前言
FOREWORD

　　葡萄设施栽培作为露地自然栽培的特殊形式，是指在不适宜葡萄生长发育的季节或地区，在充分利用自然环境条件的基础上，利用温室、塑料大棚和避雨棚等保护设施，改善或控制设施内的环境因子，为葡萄的生长发育提供适宜的环境条件，进而达到葡萄生产目标的人工调节的栽培模式，是一种高度集约化、资金、劳力和技术高度密集的产业。根据栽培目的不同，设施葡萄生产分为促早栽培、延迟栽培和避雨栽培 3 种类型。

　　葡萄设施栽培是依靠科技进步而形成的农业高新技术产业，是葡萄由传统栽培向现代化栽培发展的重要转折，是实现葡萄绿色、优质、安全、高效生产的有效途径之一。四十多年来，随着人民生活水平的提高、葡萄节本绿色优质高效安全生产技术的发展以及设施园艺资材的改进和果品淡季供应的超高效益，我国葡萄设施栽培得到迅猛发展，产生了巨大的社会效益和经济效益，截至 2019 年，我国葡萄设施栽培面积已超过 20 万公顷，居世界第一位。

　　本书由多年从事设施葡萄栽培的专家将科研、栽培心得与经验进行总结和整理后编纂而成，以问答形式详细阐述了设施葡萄中栽培设施的选择与建造、葡萄品种选择、高标准建园、整形修剪、土肥水管理、无土栽培、环境调控、花果管理、产期调控、叶片抗衰老和病虫害综合防治等关键技术，为设施葡萄的节本、绿色、优质、高效生产提供可靠的技术支撑。

本书的读者群体主要为科研单位、高校和技术部门的专业技术人员以及产业经营者等。本书力求图（表）文并茂、通俗易懂、可读性强，技术体现科学性、规范性、可操作性和经济可行性；引用的数据和资料力求准确、可靠。由于编者较多，各位撰写者虽力求精益求精，但由于水平有限，书中内容的疏漏、不足在所难免，敬请广大读者不吝赐教，多提宝贵意见。

编　者

2021 年 3 月

目 录
CONTENTS

前言

一　葡萄栽培设施的选择与建造

1. 怎样选择设施葡萄中的栽培设施?

日光温室、塑料大棚和避雨棚等栽培设施是一类特殊的农业生产性建筑,是用来进行抗逆有效生产的专用设施(彩图1)。栽培设施的类型有很强的地域适应性,在很大程度上受当地气候条件的制约。我国是一个大陆性气候和季风性气候均极强的国家,冬季严寒,夏季酷热;同时,我国幅员辽阔,横跨南热带到北温带,气候类型多样。因此,在栽培设施类型的选择上必须因地制宜,选择适宜的类型,以充分利用各地气候资源的优势,避免不利气候因素的影响;其次,还要结合栽培目的(促早栽培、延迟栽培或避雨栽培),市场情况,种植者的经济及技术水平以及不同葡萄品种对栽培设施环境的要求等,综合分析,择优选择。

(1) 日光温室。其最大的优势是保温性能好,节能型日光温室可以达到内外温差 25℃ 以上,适用于葡萄的冬春季生产,建造投资在各种栽培设施中相对较高,一般亩* 投资 8 万~20 万元。日光温室最大的问题是土地利用率低。日光温室主要利用太阳光热资源作为增温的能源,因此,适用于冬季日照充裕的黄淮、华北、东北和西北地区,在东北和西北的高寒地区使用时要补充加温设施,在一般地区使用时也应补充临时加温设施,以防

---

*　亩为非法定计量单位,1 亩≈667 米^2。余后同。——编者注

灾害性天气造成损失。

（2）塑料大棚。 土地利用率高，其保温能力比日光温室差，适用于葡萄的春促早或秋促早生产和避雨栽培，一般亩投资 0.8 万～2 万元。

（3）避雨棚。 土地利用率高，主要起避雨作用，基本没有保温能力，以提高果实品质和扩大栽培区域及提升品种适应性为主要目的，只适用于葡萄的避雨栽培，一般亩投资 0.4 万～1 万元。塑料大棚和避雨棚适用于我国任何地区的葡萄产区。

2. 如何确定栽培设施的建造方位？

栽培设施的建造方位由栽培设施的类型、建造地的生态与气候条件等共同确定。

（1）日光温室。 建造方位以东西延长、坐北朝南，南偏东或南偏西最大不超过 10°为宜，且不宜与冬季盛行风向垂直。建造方位偏东或偏西要根据当地气候条件和温室的主要生产季节确定。一般来说，利用严冬季节进行生产的温室，若当地早晨较晴朗，少雾且气温不太低，可充分利用上午阳光，建造方位应南偏东，可提早 0～40 分钟利用太阳的直射光，对葡萄的光合作用有利；但在高纬度地区，冬季早晨外界气温很低，提早揭开草苫，温室内温度下降较大，因此，北纬 40°以北地区，如河北北部、辽宁和新疆北部等地以及西藏等高原地区，为保温而延迟揭苫时间，日光温室建造方位南偏西，有利于延长午后的光照蓄热时间，为夜间储备更多的热量，可提高日光温室的夜间温度；在北纬 40°以南地区，早晨外界气温不是很低的地区，如山东、河北南部和新疆南部等地，日光温室建造方位应南偏东朝向，但若在沿海或离水面近的地区，虽然早晨温度不是很低，但多雾，光照条件不好，需采取正南或南偏西朝向建造温室。

（2）塑料大棚和避雨棚。 建造方位以东西方向、南北延长，大棚长边与子午线平行为好。

（3）注意事项。若利用罗盘仪确定建造方位，需进行矫正，这是因为罗盘仪所指的正南是磁南而不是真南，真子午线（真南）与磁子午线（磁南）之间存在磁偏角。利用标杆法确定建造方位，简单易行，准确度高。具体操作如下：在地面将标杆垂直立好，接近中午时，观测标杆的投影，最短的投影方向为真南方向，把投影延长，就是真南真北延长线；再应用勾股法做真子午线的垂直线，便得到真东西线。

3. 葡萄栽培设施适宜的高度、跨度和长度是多少？

栽培设施的高度、跨度以及长度由栽培设施的类型、建造地的气候条件等共同确定。

（1）高度。在日光温室和塑料大棚内，光照强度随设施高度变化明显，以棚膜为光源点，高度每下降 1 米，光照强度降低 10%～20%，且空气湿度越大，光照强度衰减越快。因此，栽培设施并不是越高越好，日光温室高度一般以 2.8～4.0 米为宜，而塑料大棚高度一般以 2.5～3.5 米为宜。

（2）跨度。温室跨度为温室采光屋面水平投影与后坡水平投影之和，影响着温室的光能截获量和土地利用率，跨度越大，截获的太阳直射光越多，但温室跨度过大，温室保温性能下降且造价显著增加。实践表明，在使用传统建筑材料、透明覆盖材料并采用草苫保温的条件下，在暖温带的大部分地区（如山东、山西南部、陕西、江苏、安徽北部、河南、河北、北京、天津和新疆南部等）建造日光温室，其跨度以 8 米左右为宜；暖温带的北部地区和中温带南部地区（辽宁大部、内蒙古南部、甘肃、宁夏、山西北部、新疆中部和东部等），日光温室跨度以 7 米左右为宜；在中温带北部地区和寒温带地区（如辽宁北部、吉林、新疆北部、黑龙江和内蒙古北部等），日光温室跨度以 6 米左右为宜。塑料大棚跨度和其高度有关，在一般地区建造，其高跨比（高度/跨度）以 0.25～0.3 为宜，因此，塑料大棚跨度一般以 8～12 米为宜。

（3）长度。 从便于管理且降低温室单位土地建筑成本和提高空间利用率考虑，日光温室长度一般以 60～100 米为宜；而塑料大棚主要从牢固性考虑，其长跨比（长度/跨度）以不小于 5 为宜，长度一般以 40～80 米为宜。

4. 葡萄栽培设施的采光屋面角多大为宜？

葡萄栽培设施的采光屋面角角度因栽培设施的类型而异。

（1）日光温室。 采光屋面角根据合理采光时段理论确定，即要求日光温室在冬至前后每日要保证 4 小时以上的合理采光时间（表 1），即在当地冬至前后，保证 10：00—14：00（地方时）太阳对日光温室采光屋面的投射角均大于 50°（太阳对日光温室采光屋面的入射角小于 40°）。我国的东北地区和西北地区冬季光照良好，日照率高，因此，日光温室的采光屋面角可在合理采光时段屋面角的基础上下调 3°～6°。

（2）塑料大棚和避雨棚。 因为建造方位为南北延长，因此不存在确定合理采光屋面角的问题。

表 1 不同纬度地区日光温室的合理采光时段屋面角 α

北纬	h_{10}	α	北纬	h_{10}	α	北纬	h_{10}	α
30°	29.23°	23.65°	31°	28.38°	24.59°	32°	27.53°	25.53°
33°	26.67°	26.47°	34°	25.81°	27.42°	35°	24.95°	28.36°
36°	24.09°	29.29°	37°	23.22°	30.23°	38°	22.35°	31.17°
39°	21.49°	32.10°	40°	20.61°	33.04°	41°	19.74°	33.97°
42°	18.87°	34.89°	43°	17.99°	35.82°	44°	17.12°	36.74°
45°	16.24°	37.67°	46°	15.36°	38.58°	47°	14.48°	39.49°

注：h_{10} 为当地冬至 10：00 的太阳高度角。

5. 葡萄栽培设施采取何种采光屋面形状较好?

(1) 日光温室。 采光屋面形状与温室采光性能密切相关。当温室的跨度和高度确定后,温室采光屋面形状就成为温室截获日光能量的决定性因素,中国农业科学院果树研究所研发的"两弧一切线"三段式曲直形采光屋面(彩图2)的采光效果显著优于平面形、椭圆拱形和圆拱形屋面的采光效果。

(2) 塑料大棚。 与日光温室不同,塑料大棚采光屋面形状与大棚采光性能关系不大,但与大棚稳定性密切相关。流线型采光屋面的塑料大棚稳定性最佳,但两侧太低影响农事操作,因此,对流线型采光屋面进行适当调整,得到三圆复合拱形流线型采光屋面(图1)。设置方法为:①首先确定跨度 L(米),然后设定高跨比,一般取高跨比 h/L=0.25～0.3;②绘水平线和它的垂

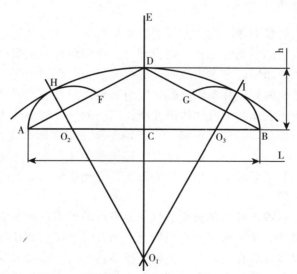

图1　三圆复合拱形流线型采光屋面放样图

线，高度、跨度两者交于点 C，点 C 是大棚跨度的中心点；③将跨度 L 的两个端点对称于中点 C，定位在水平线上；④确定高度 h（米）（h＝0.25L），将长度由 C 点向上伸延到 D 点（使 CD＝h）；⑤以 C 为圆点、AC 为半径画圆，交垂直轴线于 E 点；⑥连接 AD 和 BD 形成两条辅助线，再以 D 为圆心，以 DE 为半径画圆，与辅助线相交于 F 点和 G 点；⑦过线段 AF 和线段 GB 的中点分别作垂线交 EC 延长线于 O_1 点，同时与 AB 线相交于点 O_2 和点 O_3；⑧以 O_1 为圆心，以 O_1D 为半径画弧线，分别交 O_1O_2 和 O_1O_3 延长线于 H、I 点；⑨分别以 O_2、O_3 为圆心，以 O_2A 和 O_3B 为半径画弧，分别与弧 HDI 交于 H、I 点，得到大棚基本圆拱形 AHDIB。

6. 日光温室的后坡仰角和后坡水平投影长度如何确定？

（1）后坡仰角。指日光温室后坡面与水平面的夹角，其大小对日光温室的采光性能有一定影响。后坡仰角大小应视日光温室的使用季节而定，冬季生产时，尽可能使太阳直射光能照到日光温室后坡面内侧；夏季生产时，则应避免太阳直射光照到后坡面内侧。中国农业科学院果树研究所将以前的短后坡小仰角调整为长后坡高仰角，后坡仰角以大于当地冬至正午太阳高度角 15°～20°为宜（表 2），可以保证 10 月上旬至翌年 3 月上旬之间，正午前后后墙甚至后坡均可接受直射阳光，受光蓄热，极大改善了温室后部光照。

（2）后坡水平投影长度。日光温室后坡长度直接影响日光温室的保温性能及其内部的光照情况。当日光温室后坡长时，日光温室的保温性能提高，但当太阳高度角较大时，就会出现温室后坡遮光现象，使日光温室北部出现大面积阴影；而且日光温室后坡长，其前屋面的采光面将减小，造成日光温室内部白天升温过慢；反之，当日光温室后坡短时，日光温室内部采光较好，但保温性能却相应降低，造成日光温室白天升温快，夜间降温也快的情况。实践表明，日光温室的后坡水平投影长度一般以 1.0～1.5 米为宜。

表2 不同纬度地区日光温室的合理后坡仰角 α

北纬	h_{12}	α	北纬	h_{12}	α	北纬	h_{12}	α
30°	36.5°	51.5°～56.5°	31°	35.5°	50.5°～55.5°	32°	34.5°	49.5°～54.5°
33°	33.5°	48.5°～53.5°	34°	32.5°	47.5°～52.5°	35°	31.5°	46.5°～51.5°
36°	30.5°	45.5°～50.5°	37°	29.5°	44.5°～49.5°	38°	28.5°	43.5°～48.5°
39°	27.5°	42.5°～47.5°	40°	26.5°	41.5°～46.5°	41°	25.5°	40.5°～45.5°
42°	24.5°	39.5°～44.5°	43°	23.5°	38.5°～43.5°	44°	22.5°	37.5°～42.5°
45°	21.5°	36.5°～41.5°	46°	20.5°	35.5°～40.5°	47°	19.5°	34.5°～39.5°

注：h_{12} 为当地冬至正午时刻的太阳高度角。

7. 如何确定栽培设施的适宜间距？

（1）日光温室。间距的确定根据如下原则：保证后排温室在冬至前后每日能有 6 小时以上的光照时间，即在 9：00—15：00（地方时），前排温室不对后排温室造成遮光影响（表3）。

表3 不同纬度地区日光温室的合理间距

北纬	温室间距（米）	北纬	温室间距（米）	北纬	温室间距（米）
30°	4.9～6.7	31°	5.1～7.0	32°	5.4～7.3
33°	5.7～7.7	34°	6.0～8.1	35°	6.3～8.5
36°	6.7～9.0	37°	7.1～9.5	38°	7.5～10.0
39°	8.0～10.7	40°	8.5～11.3	41°	9.1～12.1
42°	9.7～12.9	43°	10.5～13.9	44°	11.3～15.0
45°	11.8～15.7	46°	12.9～17.2	47°	14.2～18.9

（2）塑料大棚。东西间距一般以 3 米为宜，便于通风透光，但对于冬春季降雨较多的地区应设置为 4 米以上；南北间距以 5 米左右为宜。

8. 聚乙烯（PE）棚膜有哪些特点及常见种类？

PE 棚膜具有密度小、吸尘少、无增塑剂渗出、无毒、透光率高的优点，是我国当前主要的棚膜品种。缺点是保温性差、使用寿命短、不易黏接、不耐高温日晒（高温软化温度为 50℃）。

（1）PE 普通棚膜。是在 PE 树脂中不添加任何助剂所生产的膜。最大缺点是使用年限短，一般使用期为 4～6 个月。

（2）PE 防老化（长寿）**棚膜。**在 PE 树脂中按一定比例加入防老化助剂（如紫外线吸收剂、抗氧化剂等）吹塑成膜，可克服 PE 普通棚膜不耐高温日晒、不耐老化的缺点。目前我国生产的 PE 防老化棚膜可连续使用 12～24 个月，是目前设施栽培中使用较多的棚膜品种。

（3）PE 耐老化无滴膜（双防膜）。在 PE 树脂中既加入防老化助剂（如紫外线吸收剂、抗氧化剂等），又加入流滴助剂（表面活性剂）等功能助剂吹塑成膜。该膜不仅使用时间长，而且可使露滴在膜面上失去亲水作用性，水珠向下滑动，从而增加膜面透光性，是目前性能安全、适应性较广的棚膜品种。

（4）PE 保温膜。在 PE 树脂中加入保温助剂（如远红外线阻隔剂）吹塑成膜，能阻止设施内远红外线（地面辐射）向大气中的长波辐射，从而把设施内吸收的热能阻挡在设施内，可提高保温效果 1～2℃，在寒冷地区应用效果好。

（5）PE 多功能复合膜。在 PE 树脂中加入防老化助剂、保温助剂、流滴助剂等多种功能助剂吹塑成膜。目前我国生产的 PE 多功能复合膜可连续使用 12～18 个月，具有无滴、保温、使用寿命长等多种优点，是设施冬春栽培的理想棚膜。

（6）漫反射棚膜。 在 PE 树脂中掺入调光物质（漫反射晶核），使直射的太阳光穿过棚膜后形成均匀的散射光，进而使作物均匀接受光照，增强光合作用；同时减小设施内的温差，使作物生长一致。

9. 聚氯乙烯（PVC）棚膜有哪些特点及常见种类？

聚氯乙烯（PVC）棚膜是在 PVC 树脂中加入适量的增塑剂（增加柔性）压延成膜而得的。其优点是透光性好、阻隔远红外线、保温性强、柔软易造型、好黏接、耐高温日晒（高温软化温度为 100℃）、耐候性好（一般可连续使用 1 年左右）；其缺点是随着使用时间的延长，增塑剂析出，吸尘严重、影响透光，密度大，一定重量棚膜覆盖面积较 PE 棚膜减少 24%，成本高，不耐低温（低温脆化温度为零下 50℃），残膜不能燃烧处理，以防产生有毒氯气。可用于夜间保温要求较高的地区。

（1）PVC 普通膜。 不加任何功能助剂吹塑成膜，使用期仅 6～12 个月。

（2）PVC 防老化膜。 在 PVC 树脂中按一定比例加入防老化助剂（如紫外线吸收剂、抗氧化剂等）吹塑成膜，可克服 PVC 普通膜不耐高温日晒、不耐老化的缺点。目前我国生产的 PVC 防老化膜可连续使用 12～24 个月，是目前设施栽培中使用较多的棚膜品种。

（3）PVC 耐老化无滴膜（双防膜）。在 PVC 树脂中既加入防老化助剂（如紫外线吸收剂、抗氧化剂等），又加入流滴助剂（表面活性剂）等功能助剂吹塑成膜。该膜不仅使用时间长，而且可使露滴在膜面上失去亲水作用性，水珠向下滑动，从而增加膜面透光性。该膜的其他性能和 PVC 普通膜相似，适用于冬季和早春自然光线弱、气温低的地区。

（4）**PVC 耐候无滴防尘膜。**在 PVC 树脂中加入防老化助剂、保温助剂、流滴助剂等多种功能助剂吹塑成膜。经处理的薄膜外表面助剂析出减少、吸尘较轻、提高了透光率，同时还具有耐老化、无滴性的优点，对冬春茬生产有利。

10. 聚乙烯-醋酸乙烯共聚物（EVA）棚膜有哪些特点？

一般使用厚度为 0.1～0.12 毫米，在 EVA 中，醋酸乙烯单体（VA）的引入，使 EVA 具有独特的性质。一是树脂的结晶性降低，使薄膜具有良好的透明性；二是具有弱极性，使膜与防雾滴剂有良好的相容性，从而使薄膜保持较长的无滴持效期；三是 EVA 膜对远红外线的阻隔性能介于 PVC 膜和 PE 膜之间，因此，保温性能为 PVC 膜＞EVA 膜＞PE 膜；四是 EVA 膜耐低温、耐冲击，不易裂开；五是 EVA 膜黏接性、透光性、爽滑性等都强于 PE 膜。综合上述特点，EVA 膜适用于冬季温度较低的高寒山区。

11. 聚烯烃（PO）棚膜有哪些特点？

PO 膜系特殊农膜，是以 PE、EVA 树脂为基础原料，加入保温强化助剂、防雾助剂、防老化助剂等多种功能助剂，通过 2～3 层共挤工艺生产的多层复合功能膜，克服了 PE 膜、EVA 膜的缺点，具有较高的保温性；具有高透光性，且不沾灰尘，透光率下降慢；耐低温；燃烧不产生有害气体，安全性好；使用寿命长，可达 3～5 年。但缺点是延伸性小、不耐磨、变形后复原性差。

12. 氟素棚膜有哪些特点？

氟素棚膜以乙烯与氟素乙烯聚合物为基础制成，是一种新型覆盖材料。主要特点有：超耐候性，使用期可达 10 年以上；超透光性，透光率在 90% 以上，并且连续使用 10~15 年，不变色，不污染，透光率仍在 90%；抗静电力极强，超防尘；耐高、低温性强，可在 -180~100℃ 内安全使用；在高温强光下与金属部件接触部位不变形；在严寒冬季不硬化、不脆裂。氟素膜最大缺点是不能燃烧处理，用后必须由厂家收回再生利用；另一方面是价格昂贵。该膜在日本大面积使用，在欧美国家应用面积也很大。

13. 日光温室的主要墙体结构及其关键参数有哪些？

可分为以下几种（彩图 3）。

（1）三层异质复合结构。 内层为承重和蓄热放热层，一般为蓄热系数大的砖石结构，厚度 24~37 厘米，并用黑色外墙漆喷涂，为增加受热面积，可采用穹形或蜂窝构造；中间为保温层，一般为 5~20 厘米厚的保温苯板；外层为承重层或保护层，一般为厚度 12~24 厘米的砖结构。

（2）两层异质复合结构。 内层为承重和蓄热放热层，一般为砖石结构，厚度 24 厘米以上，并用黑色外墙漆喷涂，为增加受热面积，可采用穹形或蜂窝构造；外层为保温层，一般为堆土结构，堆土最窄处厚度以当地冻土层厚度加 20~40 厘米为宜。

（3）单层结构。 墙体为土壤堆积而成，墙体最窄处厚度以当地冻土层厚度加 60~80 厘米为宜。

14. 日光温室的主要后坡结构及其关键参数有哪些？

可分为以下几种（彩图4）。

(1) 三层异质复合结构。 内层为承重和蓄热放热层，一般由水泥构件或现浇混凝土构造，厚度5～10厘米，并用黑色外墙漆喷涂；中间为保温层，一般为5～20厘米厚的保温苯板；外层为防水层或保护层，一般为水泥沙浆构造并做防水处理，厚度5厘米左右。

(2) 两层异质复合结构。 内层为承重和蓄热放热层，一般为水泥构件或混凝土构造，厚度5～10厘米，并用黑色外墙漆喷涂；外层为保温层，一般由秸秆、草苫、芦苇等制成，厚度0.5～0.8米，外面用塑料薄膜包裹，再用草泥护坡。

(3) 单层结构。 后坡由秸秆、杂草或草苫、芦苇等堆积而成，厚度0.8～1.0米，以塑料薄膜包裹，外层用草泥护坡。

15. 对日光温室及塑料大棚的保温覆盖材料有哪些主要要求？

保温覆盖材料铺设在日光温室的采光屋面或塑料大棚的全屋面的塑料薄膜上方，主要用于日光温室或塑料大棚的夜间保温，因此，具有良好的保温性能是对保温覆盖材料的首要要求。其次，保温覆盖材料要求卷放，对应的保温系统也是一种活动式卷放系统，因此，要求保温覆盖材料必须为柔性材料。另外，保温覆盖材料安装后将始终处于室外露天条件下，因此，要求其能够防风、防水、耐老化，以适应日常的风、雨、雪、雹等不利自然气候条件。最后，保温覆盖材料还应有广泛的材料来源、低廉的制造加工成本和市场售价。

16. 草苫作保温覆盖材料有哪些特点？

草苫是用稻草、蒲草或芦苇等材料编织而成的（彩图 5a）。草苫（帘）一般宽 1.2～2.5 米，长为采光面之长再加 1.5～2 米，厚度为 4～7 厘米。盖草苫后，设施内一般可增温 4～7℃，但实际保温效果与草苫的厚度、编织材料有关，蒲草和芦苇的增温效果相对好一些。制作草苫简单方便、成本低，是当前设施栽培覆盖保温的首选，一般可使用 3～4 年。但草苫等保温覆盖材料笨重，卷放费工、费力，被雨雪浸湿后，既增加了重量，又使保温性能下降，而且对薄膜污染严重，容易降低其透光率。

17. 纸被作保温覆盖材料有哪些特点？

在寒冷地区或季节，为了弥补草苫保温能力的不足，进一步提高保温防寒效果，可在草苫下边增盖纸被。纸被是由 4 层旧水泥袋或 6 层牛皮纸缝制而成的、和草苫大小相同的覆盖材料。纸被可弥补草苫缝隙，保温性能好，一般可增温 5～8℃，但在冬春季多雨雪的地区应用，易受雨淋而损坏，可在其外部包一层薄膜达到防雨的目的。

18. 保温被作保温覆盖材料有哪些特点？

保温被一般由 3～5 层不同材料组成，外层为防护防水层（一般为塑料膜或经过防水处理的帆布、牛津布和涤纶布等），中间为保温层（主要为旧棉絮、纤维棉、废羊毛绒、工业毛毡或聚乙烯发泡材料等），内层为防护层（一般为无纺布或牛津布等），为进一步提高保温被的保温效果，还可在保温被内侧粘贴铝箔反光膜以阻挡设施内的远红外长波辐射。其特点是重量轻，蓄热保温性高于草苫和纸被，一般可增温 6～8℃，在高寒地区可达10℃，但造价较高，若保管好可使用 5～6 年。保温被由于中间保温芯所采用材料不同，产品的保温性能差异较大。同时，缝制保温被时的针眼是否进行防水处理也会严重影响保温被保温性能的好坏，由于保温被针眼处的渗水，遇到下雨或下雪天后，雨水很容易进入保温被的保温芯，使保温芯受潮，降低保温性能；又因为缝制保温被的针眼较小，进入保温芯的水汽很难再通过针眼排出，而保护保温芯的材料又是比较密实的防水材料，因此，长期使用后，保温被将会由于内部受潮而失去保温性能，或者内部受潮发霉，完全失去使用功能。

19. 针刺毡保温被有哪些特点？

针刺毡保温被的中间保温芯材料为针刺毡，是采用缝合方法制成的。针刺毡是用旧碎线（布）等材料经一定处理后重新压制而成的，造价低、防风性能和保温性能好，但防水性较差。如果表面使用牛津防雨布，即为防雨保温被；另外，在保温被收放保存之前，需要大的场地晾晒，只有晾干后才能保存。

20. 塑料薄膜保温被有哪些特点？

塑料薄膜保温被采用蜂窝塑料薄膜、无纺布和化纤布缝合制成，具有重量轻、保温性能好的优点，适于机械卷放；缺点是里面的蜂窝塑料薄膜和无纺布经机械卷放碾压后容易破碎。

21. 腈纶保温被有哪些特点？

采用腈纶棉或太空棉等作中间保温芯的主要材料，用无纺布做面料，采用缝合方法制成。在保温性能上可满足要求，但其结实耐用性差；无纺布经机械卷放碾压几次后会很快破损；另外，因其采用缝合方法制成，下雨（雪）时，水会从针眼渗到内里。

22. 棉毡保温被有哪些特点？

以棉毡作防寒的主要材料，两面覆上防水牛皮纸，保温性能与针刺毡保温被相似。由于牛皮纸价格低廉，因此这种保温被价格较低，但其使用寿命也较短。

23. 泡沫保温被有哪些特点？

采用微孔泡沫作防寒材料，上下两面采用化纤布作面料（彩图 5b）。主料具有质轻、柔软、保温、防水、耐化学腐蚀和耐老化的特性，经加工处理后的保温被不仅保温性能持久，且防水性极好，容易保存，具有较好的耐久性。缺点是自身重量太轻，需要解决好防风问题；同时，经机械卷放碾压后很快会变薄，保温效果急剧下降。

24. 防火保温被有哪些特点？

在中间保温芯的上下两面分别粘合了防火布和铝箔，具有良好的防水防火保温性、抗拉性，可机械化传动操作，省工省力，使用周期长。

25. 羊毛保温被有哪些特点？

中间保温芯材料为羊毛绒，具有质轻、防水、防老化、保温隔热等功能，使用寿命较长，保温效果最好。羊毛沥水，有着良好的自然卷曲度，能长久保持蓬松，和其他保温覆盖材料相比，其在保温性能上当属第一，但价格较高。

26. 中国农业科学院果树研究所研发的新型保温被有哪些特点？

根据日光温室与塑料大棚棚面热量散失的特点，中国农业科学院果树研究所研发出新型保温被并获得国家专利（彩图5c），该保温被由6层组成，其中，中间层为保温芯（材料根据各地情况可选择针刺毡、腈纶棉或太空棉、微孔泡沫、羊毛绒等）；紧贴中间层的上下两层为抗拉无纺布（可防止中间保温芯变形）；抗拉无纺布上层为牛津布防护层，抗拉无纺布下层为反光铝箔或镀铝牛津布；最外层为活动防水膜，保温被覆盖在日光温室上时，活动防水膜套到保温被的最外层起防水作用，当保温被从日光温室撤下保存时，将活动防水膜先撤下存放，而保温被要等晒干后再保存，防止受潮腐烂。

27. 如何设置栽培设施的防寒沟？

在温室或塑料大棚的四周设置防寒沟（彩图6a），对于减少温室或塑料大棚内热量通过土壤外传，阻止外面冻土对温室或塑料大棚内土壤产生影响，保持温室或塑料大棚内较高的地温，保证温室或塑料大棚内边行葡萄植株的良好生长发育特别重要。据中国农业科学院果树研究所测定，在辽宁兴城的2月，设置防寒沟的日光温室深5～25厘米土壤的日平均地温比未设置防寒沟的日光温室高4.9～6.7℃。防寒沟设置在温室四周0.5米内为宜，以紧贴墙体基础为佳。防寒沟如果填充保温苯板，厚度以5～10厘米为宜，如果填充秸秆杂草，厚度以20～40厘米为宜；防寒沟深度以大于当地冻土层深度20～30厘米为宜。

28. 如何确定日光温室的地面高度？

建造半地下式温室（彩图 6b），即温室内地面低于温室外地面，可显著提高温室内的气温和地温，与温室外地面相比，一般宜将温室内地面降低 0.5 米左右。需要注意的是，半地下式温室排水是一个关键问题，因此，如果在夏季雨水多的地区栽培夏季需揭棚的葡萄品种时，就不宜建造半地下式温室。

29. 栽培设施的进出口与缓冲间如何设置？

温室进出口一般设置在东山墙上，和缓冲间相通，并挂门帘保温；而塑料大棚进出口一般设置在其南端（彩图 7a）。与进出口相通的缓冲间不仅可以缓冲进出口热量散失，作为住房或仓库用外，还可让管理操作人员进出温室时先在缓冲间适应一下环境，以免影响身体健康。

30. 设施内设置蓄水池（袋/桶）是否有必要？

北方地区冬季严寒，直接把水引入温室或塑料大棚内灌溉作物会大幅降低土壤温度，对作物根系造成冷害，严重影响作物生长发育及产量与品质的形成。因此，在温室或塑料大棚内山墙旁边修建蓄水池（袋/桶）以便在冬季预热灌溉用水，这对于设施葡萄具有重要意义（彩图 7b）。

31. 卷帘机的主要类型和优缺点有哪些？

卷帘机是用于卷放保温被等保温覆盖材料的配套设备。目前生产中常用的卷帘机主要有 3 种类型，一种是顶卷式卷帘机（彩

图 8a），一种是侧卷式卷帘机（彩图 8b），一种是中央底卷式卷帘机（彩图 8c）。其中顶卷式卷帘机卷帘绳容易叠卷，导致保温被卷放不整齐，需人员上后坡调整，但容易将人卷伤甚至致死；而侧卷式卷帘机由于卷帘机设置于温室一头，一头受力，容易造成卷帘不整齐，导致一头低一头高，损毁机器；中央底卷式卷帘机克服了上述缺点，操作安全方便，应用效果最好，但普通中央底卷式卷帘机下方的保温被不能同时卷放，需人力卷放，影响工作效率。中国农业科学院果树研究所针对上述情况，研发出能同时卷放卷帘机下方保温被的新型中央底卷式卷帘机并获得国家专利，有效解决了中间保温被的机械卷放困难问题（彩图 8d）。

二 设施葡萄的品种选择

32. 设施葡萄的品种如何选择？

经过多年科研攻关，中国农业科学院果树研究所制定出由环境适应特性、产期调节特性、品质特性、省力特性和产量特性等特性构成的设施葡萄促早栽培适宜品种评价体系，并在此基础上制定出品种的选择原则。选择需冷量和需热量低、果实发育期短的早熟或特早熟品种，可用于冬促早栽培和春促早栽培；选择多次结果能力强的品种，可用于秋促早栽培。选择耐弱光、花芽容易形成且着生节位低，坐果率高且连续结果能力强的早实丰产品种，有利于提高产量，保证连年丰产。选择生长势中庸的品种，以便管理和降低工作强度。选择果穗松紧度适中、果粒整齐、质优、耐贮的品种，并注意增加花色品种，克服品种单一化问题，以提高市场竞争力。着色品种需选择对直射光依赖性不强、散射光下着色良好的品种，以克服设施内直射光较少、不利于葡萄果粒着色的弱光条件。选择生态适应性广，抗病性和抗逆性均强的品种，有利于生产无公害安全果品。同一棚室定植品种时，应选择同一品种或成熟期基本一致的同一品种群的品种，以便统一管理；不同棚室选择品种时，可适当搭配，做到熟期配套，花色齐全。

33. 适于设施葡萄冬促早或春促早栽培的良种主要有哪些？

经过多年科研攻关，中国农业科学院果树研究所将适用于设施葡萄冬促早或春促早栽培的主要品种划分为耐弱光品种、较耐弱光品种和不耐弱光品种3种类型。

（1）**耐弱光品种**。华葡紫峰、华葡翠玉、瑞都香玉、香妃、红香妃、乍娜、87－1、京蜜、红旗特早玫瑰、无核早红（8611）、红标无核（8612）、维多利亚、莎巴珍珠和玫瑰香等品种属耐弱光品种，耐弱光能力强。在促早栽培条件下具有极强的连年丰产能力，不需进行更新修剪等促连年丰产技术措施，无论是在冬促早栽培条件下还是在春促早栽培条件下，冬剪时采取中/短梢修剪即可实现连年丰产。

（2）**较耐弱光品种**。无核白鸡心、金手指、藤稔、紫珍香、着色香和火焰无核等品种属较耐弱光品种，耐弱光能力较强。在促早栽培条件下具有较强的连年丰产能力，不需进行更新修剪等促连年丰产技术措施，冬促早栽培条件下冬剪时采取中/长梢修剪，春促早栽培条件下冬剪时采取中/短梢修剪，均可实现连年丰产。

（3）**不耐弱光品种**。黑无核、早黑宝、巨玫瑰、巨峰、金星无核、京秀、京亚、里扎马特、奥古斯特、矢富罗莎、红双味、优无核、黑奇无核（奇妙无核）、醉金香、华葡黑锋、华葡玫瑰、布朗无核和凤凰51等品种属不耐弱光品种，耐弱光能力差。在冬促早栽培条件下，需采取更新修剪等促连年丰产技术措施方可实现连年丰产；在春促早栽培条件下，如不采取更新修剪措施，冬剪时需采取中/长梢修剪，方可实现连年丰产。

34. 适于设施葡萄秋促早栽培的良种主要有哪些？

华葡黑峰、华葡玫瑰、华葡翠玉、魏可、美人指、玫瑰香、意大利、圣诞玫瑰、达米娜、秋黑、87－1和巨峰等品种的多次结果能力强，可利用其冬芽或夏芽多次结果能力进行秋促早栽培。

35. 适于设施葡萄延迟栽培的良种主要有哪些？

红地球、克瑞森无核、意大利、秋黑和圣诞玫瑰等品种的果实发育期长，成熟后挂树果实品质保持时间长，适于延迟栽培。

三 设施葡萄的高标准建园

36. 如何选择设施葡萄的园地？

园地选择与温室或塑料大棚的结构性能、环境调控及经营管理等关系密切，因此，园地选择需遵循如下原则。①为利于采光，建园地块要南面开阔、高燥向阳、无遮阴且平坦。②为减少温室或塑料大棚覆盖层的散热和风压对结构的影响，要选择避风地带，在冬季有季风的地区建园，最好选在上风向有丘陵、山地、防风林或高大建筑物等有挡风屏障的地方，但这些地方又往往会形成风口，易发生积雪过大的情况，必须事先进行调查。另外，要求园地四周不能有障碍物，以利于高温季节通风换气，促进作物的光合作用。③为使温室或塑料大棚的基础牢固，要选择地基土质坚实的地方，避开土质松软的地方，以防后期因扩大基础或加固地基而增加造价。④虽然葡萄抗逆性强、适应性广、生长时对土壤条件没有严格要求，但是设施葡萄建园时，最好选择在土壤质地良好、土层深厚、便于排灌的肥沃沙壤土地区构建设施，切忌在重盐碱地、低洼地和地下水位高及种植过葡萄的重茬地建园。⑤应选离水源、电源和公路等较近，交通运输便利的地块建园，以便于管理与运输，但也不能离交通干线过近。同时，要避免在污染源的下风向建园，以减少对薄膜的污染和积尘。⑥在山区，可在丘陵或坡地背风向阳的南坡梯田构建温室（彩图9a），并直接借助梯田后坡作为温室后墙，这样不仅节约建材，降低温室建造成本，而且保温效果良好，经济耐用。⑦为提高土地利用率，挖掘土地潜力，结合换土与薄膜限根栽培模式或采用无土栽培模式，可在戈壁滩等荒芜土地上构建日光温室或塑料大棚（彩图 9b）。在中国农业科学院果树研究所的指导下，在新疆等地戈壁滩上构建日光温室，不仅使荒芜的戈壁滩变"废"为宝，而且充分发挥了戈壁滩的光热资源优势。

37. 如何改良设施葡萄的园地？

建园前，的土壤改良是设施葡萄栽培的重要环节，直接影响到设施葡萄的产量和品质，因此，必须加大建园前的土壤改良力度，尤其是在土壤黏板、过沙或低洼阴湿的盐碱地上建园时（彩图 9c）。针对不同的土壤质地，应施以不同的改良方法，如黏板地应采取黏土掺沙、底层通透等方法改良，过沙土壤应采取沙土混泥或薄膜限根的方法改良，盐碱地应采取淡水洗盐、草被压盐等方法改良。但土壤改良的中心环节是增施有机肥，提高土壤有机质含量。有机质含量高的疏松土壤，有利于葡萄根系生长，尤其有利于葡萄吸收根的发生，能吸收更多的太阳辐射能，使地温回升快且稳定，对葡萄的生长发育有诸多有利影响。一般于定植前，每亩园地施入优质腐熟有机肥 5 000～10 000 千克，并混加500 千克商品生物有机肥，使肥土混匀（彩图 9d）。

38. 设施葡萄的宽行深沟栽培模式如何操作？

建园前，北方葡萄产区利用塑料大棚和避雨棚等栽培设施进行生产的设施葡萄栽培模式中，冬季气候寒冷是关键制约条件，一般采取宽行深沟栽培（彩图 10a），行距至少 3 米。深翻是宽行深沟栽培模式的重要基础，苗木根系能否深扎、能否抗寒与深翻与否有很大关系。前作系精耕细作的田地，且土地平整、土层较厚的，可用 D-85 拖拉机深耕 50～60 厘米，加深活土层；如果土层瘠薄或有黏板层，需用小型挖掘机或人工开沟，开沟深度一般应达到 80 厘米以上，宽度以 80～100 厘米为宜。将原耕作层（距地表 0～30 厘米）放在一边，生土层放在另一边。将准备好的作物秸秆（最好铡碎）施入沟内底层，压实后约 5 厘米厚；将准备好的腐熟有机肥（羊粪最好，其次是鸡鸭鹅等禽粪，或兔牛猪等畜粪，以及腐熟的人粪尿等，每亩用量 10～20 米³）部分与生土混匀；如果土壤偏酸，则视情况加入适量生石灰，如果土壤偏碱，则加入适量石膏、酒糟、沼渣等易获得的酸性有机物料，混匀后填回沟内；剩下的有机肥与熟土混匀，加入适当钙镁磷肥等，填回沟内。如果土壤瘠薄，底层土壤较差，可将包括行间的熟土层全部铲起，和有机肥混匀后全部填回沟内，而将生土补到行间并整平。对回填后的定植沟进行灌水沉实，促进有机肥料的腐熟，定植沟灌水沉实后沟面需比行间地面深 30 厘米左右，利于越冬防寒。中国农业科学院果树研究所浆果类果树栽培与生理科研团队经多年研究发现，为防止或减轻根系侧冻，可在宽行深沟基础上采取部分根域限制，即定植沟开挖后，先在沟壁两侧铺设塑料薄膜，然后回填，可有效抑制根系水平延伸；采取部分根域限制建园，定植沟宽度以 80～100 厘米为宜。

39. 设施葡萄的高垄栽培模式如何操作？

南方葡萄产区的设施葡萄生产的关键制约条件是地下水位高、土壤黏重、容易积涝，因此，搞好排水是基础，需采取高垄栽培（彩图 10b）。同时，北方葡萄产区利用日光温室（少部分地区，如山东南部、河南等地的塑料大棚）等栽培设施进行生产的设施葡萄栽培模式，生长期地温过低是其制约条件，高垄栽培是提高地温最经济有效的方法（试验表明，在葡萄萌芽期，宽80 厘米、高 30 厘米的栽培垄在当地时间 14：00 测得的 15 厘米深处土壤温度，比传统平畦栽培 15 厘米深处土壤温度高 2.1～3.3℃）。高垄栽培的具体操作如下：在定植前，首先将腐熟有机肥（5～10 米³/亩）和生物有机肥（1 吨/亩）均匀撒施到园地表面，然后用旋耕机松土将肥土混匀，最后将表层肥土按适宜行向和株行距就地起垄，一般定植垄高 40～50 厘米、宽 80～120 厘米。对于漏肥漏水严重或地下水位过浅的地块，在起垄栽培的基础上，可配合采取薄膜限根栽培模式。在定植前，首先按适宜行向和株行距将塑料薄膜按照宽 150 厘米、长与定植行行长相同的规格裁剪并铺设在地表，然后将行间表土与腐熟有机肥按照（4～6）：1 的比例混匀，并在塑料薄膜上起垄。

40. 设施葡萄的容器栽培模式如何操作？

　　容器栽培模式不受土壤与立地条件的限制，对于戈壁、沙漠和重盐碱地等非耕地可采取此栽培模式（彩图 10c）。该栽培模式必须注意冬季的根系防寒，一般在冬季不需下架防寒的设施葡萄生产中采用，如南方葡萄产区的设施葡萄生产和北方葡萄产区的日光温室（少部分地区，如山东南部、河南等地的塑料大棚）设施葡萄生产。从成本和效果来看，选用控根器作为栽培容器最为适宜。控根器的体积根据树冠投影面积确定，一般每平方米树冠投影面积对应的控根器体积为 0.05～0.06 米³，土层厚度一般为 40～50 厘米。容器栽培的基质非常重要，优质腐熟有机肥或生物有机肥和园土的混合比例为 1：（4～6）。若土壤黏重，除添加有机肥外，还要添加适量的河沙或炉渣。

41. 如何确定设施葡萄的行向？

　　设施葡萄的行向与地形、地貌、风向、光照、叶幕形和栽培模式等有密切关系。一般地势平坦的避雨栽培葡萄园采取南北行向，葡萄枝蔓顺着主风向引绑。日照时间长，光照强度大，特别是中午葡萄根部能接收到阳光，有利葡萄的生长发育，提高浆果的品质和产量。山地避雨栽培葡萄园的行向应与坡地的等高线方向一致，顺坡势设架，葡萄树栽在山坡下，向山坡上爬，适应葡萄生长规律，光照好，节省架材，也有利于水土保持和田间作业。如果是采取直立叶幕或 V 形叶幕的设施栽培葡萄园，其行向受光照影响，以南北行向为宜，这是因为南北行向相比东西行向受光较为均匀；东西行的北面全天一直受不到直射光照射，而南面则全天受到太阳直射光的照射，植物两侧叶片生长不一致，果实质量也不均匀。如果设施栽培葡萄园采取的是水平叶幕，其行向不受光照影响，南北行向或东西行向均可。

42. 设施葡萄的株行距如何设置？

目前葡萄生产上存在种植密度过大的问题，首要需求是加大行距，利于机械化作业。在温暖地区，葡萄枝蔓冬季不需埋土防寒，单篱架栽培行距以 2.5 米左右为宜，但栽培长势较旺的品种如夏黑无核等，需采用水平式棚架配合单层双臂水平龙干树形即"一"字形或 H 树形，株行距分别以（2～2.5）米×（4～6）米和（4～6）米×（4～10）米为宜。在年绝对低温在－15℃以下的北方或西北地区，因葡萄枝蔓冬季需要下架埋土防寒，防寒土堆的宽度与厚度一定要比根系受冻深度多 10 厘米左右才能使其安全越冬，多用中、小棚架，采用斜干水平龙干树形配合水平叶幕，其株行距以（2～2.5）米×（4～6）米（单沟单行定植，若单沟双行定植，则行距设为 8～10 米）为宜，单穴双株定植。

43. 设施葡萄苗木定植前如何处理？

(1) 修剪苗木。栽植前将苗木保留 2～4 个壮芽修剪，基层根一般可留 10 厘米长，受伤根在伤部剪断。如果苗木比较干，可在清水中浸泡 1 天或在湿沙中掩埋 3～5 天，在湿沙中掩埋时注意苗木必须与湿沙混匀。苗木准备好后要立即栽植，若不能很快栽完，可用湿麻袋或草帘遮盖，防止抽干。

(2) 消毒和浸根。为了减少病虫害特别是检疫害虫的传播，提倡双向消毒，即要求苗木生产者售苗时和使用者种植前均对苗木进行消毒，可用杀虫剂如辛硫磷和杀菌剂（根据苗木供应地区的主要病害选择针对性药剂或广谱性杀菌剂），并用较高浓度药剂浸泡半小时，其后在清水中浸泡漂洗；也可以使用 ABT-3 生根粉浸蘸根系，提高生根量和成活率。

44. 如何科学定植设施葡萄苗木？

(1) 定植时间。①非埋土防寒区设施葡萄，可在秋、冬季或春季进行定植，以秋、冬季定植为宜。②埋土防寒区设施葡萄，如果采用日光温室作为栽培设施，可在苗木的需冷量满足后的冬季至春季定植；如果采用塑料大棚作为栽培设施，可在早春进行定植，比露地栽培提前 15～20 天；如果采用避雨栽培，一般在春季葡萄萌芽前定植，即地温达到 7～10℃时。③注意，如果土壤干旱可在定植前一周浇一次透水。

(2) 定植技术。①按照葡萄园设计的株行距（行距与深翻沟或栽培垄的中心线的间距一致）及行向，用生石灰画十字定点。②视苗木大小，挖直径 30～40 厘米、深 20～40 厘米的穴，如果有商品性有机肥，则每穴添加 1～2 锨，土壤如果偏酸或偏碱，可适当添加校正有机物料或各种大量和中微量复合肥，与土混匀，将其填入穴中堆成馒头形土堆。③将苗木放入穴内，根系舒展放在土堆上，当填土超过根系后，轻轻提起苗木抖动，使根系周围不留空隙。穴填满后，踩实，栽植深度一般以根颈处与地面平齐为宜。嫁接苗定植时短砧也要至少露出土面 5 厘米左右，避免接穗生根。栽植行内的苗木一定要呈一条直线，以便耕作。④栽完后顺行开沟灌一次透水，以提高成活率。⑤封土覆膜，待水下渗后，用行间土壤补平种植穴，覆黑地膜，保湿并免耕除草。

（3）定植后的管理。①温度管理：定植后可立即升温，气温以 20～25℃为宜，待萌发新梢长至 20 厘米以上时方可将气温增至 25～30℃，如气温升温过高、过快，会导致苗木地上部与地下部生长不均衡，进而发生生理干旱致使苗木突然死亡。②肥水管理：当萌发新梢长至 20 厘米以上时，开始土壤施肥和叶面喷肥。土壤施肥遵循少量多次的原则，一般 10～15 天结合灌溉施一次肥，前期（7 月上旬以前）施以氮肥为主、磷钾钙镁肥等为辅的葡萄同步全营养配方肥的幼树 1 号肥（中国农业科学院果树研究所研制），后期施以磷钾钙镁肥等为主、氮肥为辅的葡萄同步全营养配方肥的幼树 2 号肥（中国农业科学院果树研究所研制）；叶面喷肥每 7～10 天喷施一次，以含氨基酸水溶肥较好。③整形修剪：为了获得健壮的主干并尽快成形，要及时抹除萌蘖及过密芽等，根据整形要求，每株只保留 1～2 个健壮新梢；待新梢长至 20 厘米以上时，用尼龙绳或临时性支柱引缚，以免被风吹折并促使新梢快速健壮生长。另外，还要加强病虫害防治。

四 设施葡萄的整形修剪

45. 倾斜龙干树形配合 V/(V+1) 形叶幕的关键参数是多少?

(1) 栽培模式。倾斜龙干树形配合 V/(V+1) 形叶幕形成高光效省力化树形和叶幕形,适用于日光温室中的冬促早或秋促早栽培模式。

(2) 架式与行向。适合倾斜式 Y 形架,倾斜式 Y 形架面由 8 号铁线和细尼龙线构成,用于固定新梢形成 V 形叶幕;倾斜式 Y 形架中心铁线安装由 8 号铁线制作的长 10~15 厘米的挂钩完成,用于固定龙干(主蔓),具有龙干(主蔓)上下架容易、新梢绑缚标准省工的特点。行向以南北行向为宜,相比东西行向其受光均匀,东西行向定植行北面的植株全天受不到直射光照射,而南面的植株则全天受到太阳直射光的照射,因此,东西行向定植行的南面果穗成熟早、品质好,而北面果穗成熟晚、品质差,甚至有叶片黄化的现象。

(3) 栽植密度。株距 1.0~2.0 米,行距 2.0~2.5 米;单穴双株定植。

(4) 树体骨架结构。主干直立,高度 0.2~1.5 米,根据日光温室空间确定;龙干(主蔓)北高南低(彩图 11),从基部到顶部由高到低顺行向倾斜延伸,减轻顶部枝芽顶端优势、增强基部枝芽顶端优势,使芽萌发整齐,便于操作;结果枝组在龙干

（主蔓）上均匀分布，枝组间距因品种而异，可短梢修剪的品种同侧枝组间距 10～20 厘米，需中/短梢混合修剪的品种同侧枝组间距 30～40 厘米，需长/短梢混合修剪的品种同侧枝组间距 60～100 厘米。

（5）叶幕结构。 经中国农业科学院果树研究所浆果类果树栽培与生理科研团队多年研究发现，在冬春季为主要生长季节的设施栽培模式中，直立叶幕、V 形叶幕和水平叶幕 3 种叶幕结构从光能利用率、叶片质量、果实品质和果实成熟期等方面综合考虑，以 V 形叶幕效果最佳、水平叶幕次之、直立叶幕效果最差。①V 形叶幕。新梢与龙干（主蔓）垂直，在龙干（主蔓）两侧倾斜绑缚，呈 V 形叶幕，新梢间距 15 厘米、长度 120 厘米以上；新梢留量每亩 3 500 条左右，每新梢 20～30 片叶（彩图12）。②V+1 形叶幕。每结果枝组留 1 条更新梢，更新梢数量与结果枝组数量相同，更新梢间距与结果枝组间距相同，更新梢直立绑缚呈竖直方向。非更新梢暨结果梢与主蔓（龙干）垂直，在主蔓（龙干）两侧倾斜绑缚呈 V 形叶幕，新梢间距 15 厘米、长度 120 厘米以上；非更新梢留量每亩 3 500 条左右，每新梢 20～30 片叶（彩图 13）。该叶幕有效解决了设施内新梢花芽分化不良的晚熟品种（果实成熟期在 6 月中旬以后）果实发育与更新修剪的矛盾，实现连年丰产。

46. 水平龙干树形配合水平/V 形叶幕的关键参数是多少？

（1）栽培模式。 适用于春促早、春延迟和避雨栽培模式。

（2）架式与行向（彩图 14）。适合双层棚架和 T 形或 Y 形篱架，上述架式具有主蔓上架容易、新梢上架绑缚不易掰掉的优点。双层棚架架面由上下两层构成，其中上层架面由 8 号铁线和细钢丝构成，用于固定新梢形成水平叶幕；下层架面由 8 号铁线制作的长 20～30 厘米的挂钩构成，用于固定主蔓。Y 形篱架的 V 形架面由 8 号铁线和细尼龙线构成，用于固定新梢形成 V 形叶幕；V 形架中心铁线安装由 8 号铁线制作的长 10～15 厘米的挂钩完成，用于固定主蔓。T 形篱架的水平架面由 8 号铁线和细尼龙线构成，用于固定新梢形成水平叶幕；T 形架中心铁线安装由 8 号铁线制作的长 20～30 厘米的挂钩完成，用于固定主蔓。关于行向，水平叶幕南北或东西均可，V 形叶幕必须采取南北行向。

（3）栽植密度。 ①冬季需下架防寒栽培的葡萄枝蔓宜采取斜干水平龙干形，株行距以 2.5 米×4.0 米（单沟单行定植）或 8.0 米（单沟双行定植）为宜，也可以（2.0～4.0）米×（2.5～3.0）米（部分根域限制建园）为宜，单穴双株定植。②冬季不需下架防寒栽培的葡萄枝蔓可采取"一"字形和 H 形水平龙干树形，其中"一"字形水平龙干树形株行距为（4.0～8.0）米×（2.0～2.5）米（龙干顺行向延伸）或（2.0～2.5）米×（4.0～8.0）米（主蔓垂直行向延伸），单穴双株定植（彩图 15），如考虑机械化作业，建议采取株行距（2.0～2.5）米×（4.0～8.0）米的定植模式；H 形水平龙干树形（彩图 16）株行距设置为（4.0～8.0）米×（4.0～5.0）米（龙干顺行向延伸）。

（4）树体骨架结构。 ①冬季需下架防寒设施栽培的葡萄枝蔓主干基部具"鸭脖弯"结构，利于冬季下架越冬防寒和春季上架绑缚，防止主干折断；主干垂直高度 180 厘米（配合水平叶幕）或 100 厘米左右（配合 V 形叶幕）；主蔓沿与行向垂直方向水平延伸；龙干与主干呈 120°夹角，便于龙干越冬防寒时上下架；结果枝组在龙干上均匀分布，枝组间距因品种而异，可短梢修剪的品种同侧枝组间距 10～20 厘米，需中/短梢混合修剪的品种同侧枝组间距 30～40 厘米，需长/短梢混合修剪的品种同侧枝组间距 60～100 厘米。"鸭脖弯"结构的具体参数为：主干基部长 10～15 厘米部分垂直地面；于距地面 10～15 厘米处呈 90°沿水平面弯曲，此段长 20～30 厘米；于水平弯曲 20～30 厘米长度处呈 90°沿垂直面弯曲并倾斜上架，倾斜程度以与垂线呈 30°为宜。②冬季不需下架防寒设施栽培的葡萄枝蔓主干直立，垂直高度180 厘米（配合水平叶幕）或 100 厘米左右（配合 V 形叶幕）；龙干（主蔓）顺行向或垂直行向水平延伸；结果枝组在主蔓上均匀分布，枝组间距因品种而异，可短梢修剪的品种同侧枝组间距10～20 厘米，需中/短梢混合修剪的品种同侧枝组间距 30～40厘米，需长/短梢混合修剪的品种同侧枝组间距 60～100 厘米。

（5）**叶幕结构**。经中国农业科学院果树研究所浆果类果树栽培与生理科研团队多年研究发现，在夏秋季为主要生长季节的设施栽培模式中，V 形叶幕和水平叶幕两种叶幕结构从光能利用率、果实产量、果实品质和果实成熟期等方面综合考虑，以水平叶幕效果最佳、V 形叶幕次之。①水平叶幕。新梢与龙干（主蔓）垂直，在龙干（主蔓）两侧水平绑缚呈水平叶幕。生长后期新梢下垂；新梢间距 10～20 厘米（西北光照较强地区新梢间距以 12 厘米左右适宜，东北和华北等光照良好地区新梢间距以 15厘米左右适宜，南方光照较差地区新梢间距以 20 厘米左右适宜）；新梢长度 120 厘米以上；新梢负载量每亩 3 500 条左右，每新梢 20～30 片叶。②V 形叶幕。适用于简易避雨栽培模式。新梢与龙干（主蔓）垂直，在龙干（主蔓）两侧倾斜绑缚呈 V形叶幕，新梢间距 10～20 厘米（西北光照较强地区新梢间距以12 厘米左右适宜，东北和华北等光照良好地区新梢间距以 15 厘米左右适宜，南方光照较差地区新梢间距以 20 厘米左右适宜）；新梢长度 120 厘米以上；新梢留量每亩 3 500 条左右，每新梢20～30片叶。

47. **设施葡萄的冬季修剪何时进行为宜？**

从植株落叶后到翌年开始生长之前，任何时间的修剪都不会显著影响植株体内碳水化合物等营养物质，也不会影响植株的生长和结果。对于需下架越冬防寒的设施栽培模式，冬季修剪在落叶后越冬防寒前抓紧时间、及早进行为宜，上架升温后可进行复剪。对于不需下架越冬防寒的设施栽培模式，冬季修剪于落叶后至伤流前 1 个月进行，时间一般在自然落叶 1 个月后至翌年 1 月，此时树体进入深休眠期。在萌芽后容易发生霜冻的地区，最好在结果枝顶芽萌发新梢生长至 3～5 厘米时再进行修剪，这样萌芽期可以推迟 7～10 天，有效避开霜冻危害。

48. 设施葡萄的冬剪有哪些基本方法？

（1）短截。指将一年生枝剪去一段，留下一段的剪枝方法，是葡萄冬季修剪的最主要手法。①短截的作用为减少结果母枝上过多的芽眼，促进剩余芽眼生长；把优质芽眼留在合适部位，从而萌发出优良的结果枝或更新发育枝；根据整形和结果需要，可以调整新梢密度和结果部位。②根据剪留长度的不同，短截分为极短梢修剪（留 1 芽或仅留隐芽）、短梢修剪（留 2～3 芽）、中梢修剪（留 4～6 芽）、长梢修剪（留 7～11 芽）和极长梢修剪（留 12 芽以上）等修剪方式（彩图 17）。其中长梢修剪具有如下优点：使一些基芽结实力差的葡萄植株获得丰产；促进一些果穗小的品种实现高产；使结果部位分布面较广；结合疏花疏果，可使一些易形成小青粒、果穗松散的品种获得优质高产。同时，长梢修剪也有如下缺点：对那些短梢修剪即可获得丰产的品种，若采用长梢修剪易造成结果过多；结果部位容易发生外移；母枝选留要求严格，因为每一长梢将担负很多产量，稍有不慎，可能造成较大的损失。另外，短梢修剪与长梢修剪在某些地方的表现正好相反。③某果园究竟采用什么短截方式，需要根据花序着生的部位确定，这与品种特性、立地生态条件及设施栽培模式、树龄、整形方式、枝条发育状况、生产管理水平及芽的饱满程度息息相关。一般情况下，对花序着生部位 1～3 节的树体采取极短梢、短梢或中/短梢修剪，如避雨栽培和春促早栽培的巨峰等；对花序着生部位 4～6 节的树体采取中/短梢混合修剪，如延迟栽培、避雨栽培或春促早栽培的红地球等；对花序着生部位不确定的树体，则采取长/短梢混合修剪比较保险。欧美杂交种对剪口粗度要求不严格，欧亚种葡萄剪口粗度则以 0.8～1.2 厘米为好，如红地球、无核白鸡心等。耐弱光的品种如华葡紫峰、87-1 和京蜜等，在冬促早栽培条件下，如未采取越夏更新修剪措施，冬剪时根据品种成花特性不同，采取中/短梢和长/短梢混合修剪方可实现丰产；在春促早栽培条件下，冬剪一般采取短梢修剪即可实现连年丰产。较耐弱光的品种如无核白鸡心、金手指、藤稔等，在冬促早栽培条件下，如未采取越夏更新修剪措施，冬剪时采取长/短梢混合修剪方可实现丰产；在春促早栽培条件下，冬剪时根据品种成花特性不同采取短梢修剪或中/短梢混合修剪即可实现连年丰产。不耐弱光的品种如夏黑、早黑宝、巨玫瑰和巨峰等，在冬促早栽培条件下，必须采取更新修剪等连年丰产技术措施方可实现连年丰产，冬剪时一般采取中/短梢混合修剪即可实现丰产；在春促早栽培条件下，冬剪时一般采取中梢或长梢修剪即可实现丰产。

（2）疏剪。 把整个枝蔓（包括一年和多年生枝蔓）从基部剪除的修剪方法，称为疏剪（彩图 17）。具有如下作用：疏去过密枝，改善光照和营养物质的分配；疏去老弱枝，留下新壮枝，以保持生长优势；疏去过强的徒长枝，留下中庸健壮枝，以均衡树势；疏除病虫枝，防止病虫害的危害和蔓延。

（3）缩剪。 把两年生以上的枝蔓剪去一段，留下一段的剪枝方法，称为缩剪（彩图 17）。主要作用有更新转势，剪去前一段老枝，留下后面新枝，使其处于优势部位；防止结果部位的扩大和外移；疏除密枝，改善光照；如缩剪大枝尚有均衡树势的作用。

以上 3 种修剪方法，以短截应用最多。

49. 设施葡萄如何进行枝蔓更新？

（1）结果母枝的更新（彩图18）。结果母枝更新的目的在于避免结果部位逐年上升外移，造成下部光秃，修剪手法有两种。①双枝更新。结果母枝按所需要长度剪截，将其下面邻近的成熟新梢留2芽短截，作为预备枝。预备枝在翌年冬季修剪时，上一枝留作新的结果母枝，下一枝再行极短截，使其形成新的预备枝；原结果母枝于当年冬剪时被回缩掉，以后逐年采用这种方法依次进行。双枝更新要注意预备枝和结果母枝的选留，结果母枝一定要选留那些发育健壮充实的枝条，而预备枝应处于结果母枝下部，以免结果部位外移。②单枝更新。冬季修剪时不留预备枝，只留结果母枝。翌年萌芽后，选择下部生长良好的新梢培养为结果母枝，冬季修剪时仅剪留枝条的下部。单枝更新的母枝剪留不能过长，一般应采取短梢修剪，不使结果部位外移。

（2）多年生枝蔓的更新。经过年年修剪，多年生枝蔓上的"疙瘩""伤疤"增多，影响输导组织的畅通；另外对于过分轻剪的葡萄园，下部出现光秃，结果部位外移，造成新梢细弱，果穗果粒变小，产量及品质下降，遇到这种情况就需对一些大的主蔓或侧枝进行更新。①大更新。凡是从基部除去主蔓，进行更新的称为大更新。在大更新以前，必须积极培养从地表发出的萌蘖或从主蔓基部发出的新枝，使其成为新蔓，当新蔓足以代替老蔓时，即可将老蔓除去。②小更新。对侧蔓的更新称为小更新。一般在肥水管理差的情况下，侧蔓4～5年需要更新1次，一般采用回缩修剪的方法。

50. 设施葡萄冬剪留芽量为多少合适？

在树形结构相对稳定的情况下，每年冬季修剪的主要剪截对象是一年生枝。修剪的主要工作就是疏掉一部分枝条和短截一部分枝条。单株或单位土地面积（667 米²）在冬剪后保留的芽眼数被称为单株芽眼负载量或亩芽眼负载量。适宜的芽眼负载量是保证来年适量的新梢数和花序、果穗数的基础。冬剪留芽量的主要决定因素是产量的控制标准，我国不少葡萄园在冬季修剪时对留芽量的多少通常处于盲目的状态，多数情况是留芽量偏大，这是造成高产低质的主要原因。以温带半湿润气候区为例，要保证良好的葡萄品质，每亩产量应控制在 1 500 千克以下，巨峰品种冬季留芽量一般为 6 000 芽/亩，即每 4 个芽保留 1 千克果；红地球等不易形成花芽的品种，亩留芽量要增加 30%。南方亚热带湿润气候区，年日照时数少，亩产应控制在 1 000 千克或以下，但葡萄形成花芽的质量也相对差些，通常每 5～7 个芽保留 1 千克果。因此，冬剪留芽量的数量不仅需要看产量指标，还要看地域生态环境、葡萄品种及管理水平。

51 设施葡萄冬剪有哪些步骤及注意事项？

（1）冬剪步骤。葡萄冬剪步骤可概括为四字诀：一看、二疏、三截、四查。具体内容为：①看即修剪前的调查分析，要看品种、树形、架式和树势，看与邻株之间的关系，以便初步确定植株的负载能力，大体确定修剪量的标准；②疏指疏去病虫枝、细弱枝、枯枝、过密枝、需局部更新的衰弱主侧蔓以及无利用价值的萌蘖枝；③截指根据修剪量标准，确定适当的母枝留量，对一年生枝进行短截；④查指经修剪后，检查一下是否有漏剪、错剪，也叫作复查补剪。总之，看是前提，做到心中有数，防止无目的地动手就剪；梳是纲领，应依据看的结果梳理出轮廓；截是加工，决定每个枝条的留芽量；查是查错补漏，是结尾。

（2）冬剪注意事项。①剪截一年生枝时，剪口宜高出枝条节部 3～4 厘米，剪口向芽的对面倾斜，以保证剪口芽正常萌发和生长。在节间较短的情况下，剪口可放至上部芽眼上。②疏枝时剪锯口不要太靠近母枝，以免伤口向里干枯而影响母枝养分的输导。③去除老蔓时，锯口应削平，以利愈合。不同年份的修剪伤口，尽量留在主蔓的同一侧，避免形成对伤口。

52. 设施葡萄夏剪中抹芽、定梢和新梢绑缚如何进行？

在芽已萌动但尚未展叶时，对萌芽进行选择去留即为抹芽（彩图 19a）。当新梢长至已能辨别出有无花序时，对新梢进行选择去留称为定梢（彩图 19b）。抹芽和定梢是葡萄夏季修剪的第一项工作，根据葡萄种类、品种萌芽、抽枝能力、长势强弱、叶片大小等进行。春季萌芽后，新梢长至 3～4 厘米时，每 3～5 天分期、分批抹去多余的双芽、三生芽、弱芽和面地芽等；当芽眼生长至 10 厘米，基本已显现花序时或 5 叶 1 心期后，陆续抹除多余的枝，如过密枝、细弱枝、面地枝和外围无花枝等；当新梢长至 40 厘米左右时，根据树形和叶幕形，保留结果母枝上由主芽萌发的带有花序的健壮新梢，将副芽萌生的新梢除去，在植株主干附近或结果枝组基部保留一定比例的营养枝，以培养翌年结果母枝，同时保证当年葡萄负载量所需的光合面积。中国农业科学院果树研究所浆果类果树栽培与生理科研团队经多年科研攻关研究发现，在鲜食葡萄生产中，叶面积指数在西北光照强烈地区以 3.5 左右（新梢间距 12 厘米左右）最为适宜，在东北和华北等光照良好地区以 3.0 左右（新梢间距 15 厘米左右）最为适宜，在南方光照较差地区以 2.0 左右（新梢间距 20 厘米左右）最为适宜，此时叶幕的光能截获率及光能利用率高，净光合速率最高，果实产量和品质最佳。在贫瘠土壤生长或生长势弱的品种，亩留梢量 3 500～5 000 条为宜；生长势强旺、叶片较大的品种或在土壤肥沃、肥水充足的条件下生长的品种，每个新梢都需要较大的生长空间和较多的主梢和副梢叶片生长，亩留梢量2 500～3 500条为宜。定梢结束后及时利用绑梢器或尼龙线采取夹压或缠绕固定的方法对新梢进行绑蔓，使得葡萄架面枝梢分布均匀，通风透光良好，叶果比适当。中国农业科学院果树研究所浆果类果树栽培与生理科研团队为提高定梢和新梢绑缚效果及效率，提出了定梢绳定梢及新梢绑缚技术（彩图 19c），具体操作如下：首先将定梢绳（一般为抗老化尼龙绳或细钢丝）按照新梢适宜间距绑缚固定到铁线上，其中固定主蔓铁线位置定梢绳为死扣，固定新梢铁线位置定梢绳为活扣，便于新梢冬剪；然后于新梢显现花序时，根据定梢绳定梢，每一定梢绳留一新梢，多余新梢疏除；待新梢长至 50 厘米左右时，将所留新梢缠绕固定到定梢绳上，使新梢在架面上分布均匀。

53. **设施葡萄的主、副梢模式化修剪如何进行？**

（1）**主梢摘心**（彩图 20a）。①中国农业科学院果树研究所浆果类果树栽培与生理科研团队研究表明，对于坐果率低、需促进坐果的品种，如夏黑无核和巨峰等巨峰系品种，二次成梢和三次成梢技术相比，主梢采取二次成梢技术效果最佳。主梢二次成梢修剪的巨峰葡萄果实的单粒重（彩图 20c）、可溶性固形物含量、可溶性糖含量和维生素 C 含量显著高于主梢三次成梢修剪和对照（传统修剪），可滴定酸含量显著低于主梢三次成梢修剪和对照。不同的主梢成梢修剪方式和对照之间香气物质组成和含量差异较大，其中，主梢二次成梢修剪中香气物质的含量和种类显著高于主梢三次成梢修剪和对照。巨峰葡萄的特征香气物质——酯类物质，尤其是起关键作用的乙酸乙酯的含量，在主梢二次成梢修剪中显著高于主梢三次成梢修剪和对照；同时，主梢三次成梢修剪处理检测出特有的具有樟脑气味的 2-甲基萘，对照中检测出了特有的具有橡胶气味的苯并噻唑。主梢二次成梢技术的具体操作如下：在开花前的7～10天沿第一道铁丝（新梢长60～70厘米时）对主梢进行第一次统一剪截，待坐果后主梢长至120～150厘米时，沿第二道铁丝对主梢进行第二次统一剪截。②中国农业科学院果树研究所浆果类果树栽培与生理科研团队研究表明，对于坐果率高，需适度落果的品种，如红地球和87-1等欧亚种品种，与采取二次成梢和三次成梢技术相比，主梢采取一次成梢技术效果最佳。具体操作如下：在坐果后待主梢长至120～150厘米时，沿第二道铁丝对主梢进行统一剪截。③待展8片叶左右时，于花序以上留2片叶对主梢进行摘心，可有效促进花序的伸长生长，达到拉长花序的效果。

（2）副梢摘心。浆果类果树栽培与生理科研团队研究表明，无论是巨峰等欧美杂种还是红地球等欧亚种，副梢全去除、留1叶绝后摘心、留2叶绝后摘心和副梢不摘心4种处理中，副梢留1叶绝后摘心品质最佳（彩图20b、彩图20c）。副梢留1叶绝后摘心中果实单粒重、可溶性固形物含量、可溶性糖含量和维生素C含量显著高于副梢全去除、副梢留2叶绝后摘心和副梢不摘心3种副梢摘心方式，可滴定酸含量显著低于副梢全去除、副梢留2叶绝后摘心、副梢不摘心3种副梢摘心方式。副梢不同摘心方式之间香气物质组成和含量差异较大，其中，巨峰葡萄的特征香气物质——酯类物质的含量，在副梢留1叶绝后摘心处理果实中显著高于其他3种副梢摘心方式的果实，同时副梢留1叶绝后摘心处理未检测出令人不愉快的香气物质。副梢留1叶绝后摘心的具体操作为：主梢摘心后，留顶端副梢继续生长，其余副梢待副梢生长至展3～4片叶时，于副梢第一节节位上方1厘米处剪截，待第一节节位二次副梢和冬芽萌动时将其抹除，最终副梢仅保留1片叶。

（3）主、副梢免修剪管理。新梢处于水平或下垂生长状态时，新梢顶端优势受到抑制，本着简化修剪，省工栽培的目的，本书提出如下免夏剪的方法供参考，即主梢和副梢不进行摘心处理。较适应该法的品种、架式及栽培区为：棚架、T 形架和 Y 形架栽植的品种、对夏剪反应不敏感（不摘心也不会引起严重落花落果或大小果）的品种和新疆产区（气候干热区）栽植的品种。上述情况务必通过肥水调控、限根栽培或烯效唑化控等技术措施，使树相达到中庸状态方可采取免夏剪的方法。

54. 环割/环剥如何操作？

环剥或环割的作用是在短期内阻止上部叶片合成的碳水化合物向下输送，使养分在环剥/环割口以上的部分贮藏。环剥/环割有多种生理效应，如在花前1周进行能提高坐果率，在花后幼果迅速膨大期进行能增大果粒，在软熟着色期进行能提早浆果成熟期等。环剥或环割按照部位不同可分为主干、结果枝、结果母枝环剥或环割。环剥宽度一般3～5毫米，不伤木质部；环割一般连续割4～6道，深达木质部（彩图21）。

55. 如何实现设施葡萄的连年丰产？

在设施葡萄生产中，连年丰产不是通过任何一种单一技术措施，就能达到的，必须运用各种技术措施，包括品种选择、环境调控、栽培管理、化学调控物质的应用等，并将它们综合协调运用，才能实现连年丰产的目的。在设施葡萄冬促早栽培生产中，对于设施内新梢不能形成良好花芽的不耐弱光葡萄品种，需采取恰当的更新修剪这一核心技术措施方能实现葡萄的连年丰产。主要采取的更新修剪方法有短截更新、平茬更新和超长梢修剪更新。

56. 设施葡萄的更新修剪主要有哪些方法？

（1）**短截更新——根本措施。**短截更新又分为完全重短截更新和选择性短截更新两种方法，是通过更新修剪实现连年丰产的根本措施（彩图 22）。①完全重短截更新。对于果实收获期在 6 月 10 日之前且不耐弱光的葡萄品种如夏黑等，采取完全重短截更新修剪的方法。于浆果采收后，将原新梢留 1～2 个饱满芽进行重短截，逼迫其基部冬芽萌发新梢，培养为翌年的结果母枝。完全重短截更新修剪时，若剪口芽未变褐，则不需使用破眠剂（彩图 22a）；若剪口芽已经成熟变褐，则需对所留的饱满芽用石灰氮或葡萄专用破眠剂——破眠剂 1 号（中国农业科学院果树研究所研制）或单氰胺等破眠剂涂抹促进其萌发（彩图 22b）。②选择性短截更新（彩图 22c）。该方法系中国农业科学院果树研究所浆果类果树栽培与生理科研团队首创，有效解决了果实收获期在 6 月 10 日之后，且棚内梢不能形成良好花芽的葡萄品种的连年丰产问题。采用此法更新需配合相应树形和叶幕形，以倾斜龙干形配合 V＋1 形叶幕为宜，非更新梢倾斜绑缚呈 V 形叶幕，更新预备梢采取直立绑缚呈 1 形叶幕。如果采取其他树形和叶幕形，更新修剪后所萌发的更新梢处于劣势位置，生长细弱，不易成花。在覆膜期间新梢管理时，首先将直立绑缚呈 1 形叶幕的新梢留 6～8 片叶摘心，培养为更新预备梢。短截更新时（一般于 5 月 10 日前进行短截更新），将培养的更新预备梢留 4～6 个饱满芽进行短截，逼迫顶端冬芽萌发新梢，培养为翌年的结果母枝；对于短截时剪口芽已经成熟变褐的葡萄品种需对剪口芽用石灰氮或葡萄专用破眠剂——破眠剂 1 号（中国农业科学院果树研究所研制）或单氰胺等破眠剂涂抹促进其萌发；其余倾斜绑缚呈 V 形叶幕的结果梢在浆果采收后从基部疏除。③注意事项。短截时间越早，短截部位越低，冬芽萌发越快，萌发新梢生长越迅速，花芽分化越好，一般情况下完全重短截更新修剪时间最晚不迟于 6 月 10 日，选择性短截更新修剪时间最晚不迟于 5 月 10 日。短截更新修剪时间的确定原则是棚膜揭除时更新修剪冬芽萌发新梢长度不能超过 20 厘米并且保证冬芽副梢能够正常成熟。短截更新修剪所形成新梢的结果能力与母枝粗度关系密切，一般短截剪口直径在 0.8～1.0 厘米以上的新梢冬芽所萌发的新梢结果能力强。

(2) 平茬更新（彩图 23a）。浆果采收后，保留老枝叶 1 周左右，使葡萄根系积累一定的营养，然后从距地面 10～30 厘米处平茬，促使葡萄母蔓上的隐芽萌发，然后选留一健壮新梢培养为翌年的结果母枝。该更新方法适合高密度定植采取地面枝组形成单蔓整枝的设施葡萄园，平茬更新时间最晚不晚于 6 月初，越早越好，过晚，更新枝生长时间短，不充实，花芽分化不良，花芽不饱满，严重影响翌年产量。因此，对于果实收获期过晚的葡萄品种不能采取该方法进行更新修剪。利用该法进行更新修剪对植株影响较大，树体衰弱快。

(3) 超长梢更新——补救措施。在设施葡萄冬促早栽培中，对于不耐弱光的葡萄品种错过时间未来得及进行更新修剪的，只有冬剪时采取超长梢更新修剪的方法方能实现连年丰产（彩图 23b）。揭除棚膜后，根据树形要求在预备培养为翌年结果母枝的新梢顶端选择夏芽/冬芽萌发的 1～2 个健壮副梢于露天条件下延长生长，将其培养为翌年的结果母枝，待其长至 10 片叶左右时留 8～10 片叶摘心。晚秋落叶后，将培养好的结果母枝扣棚期间生长的下半部分压倒盘蔓，而对于其揭除棚膜后生长的上半部分采取长梢/超长梢修剪。待萌芽后，再选择结果母枝棚内生长的下半部分，靠近主蔓处萌发的新梢培养为预备梢继续进行更新管理，管理方法同去年，待落叶冬剪时将培养的结果母枝前面的已经结过果的枝组部分进行回缩修剪，回缩至培养的结果母枝处，防止种植若干年后棚内布满枝蔓，影响正常的管理，以后每年重复上述管理进行更新管理。该更新修剪方法不受果实成熟期的限制，但管理较烦琐。

57. 设施葡萄的更新修剪有哪些配套措施？

（1）**对于完全重短截更新或平茬更新的植株。**采取平茬或完全重短截更新需及时结合开沟断根处理（彩图 24），开沟的同时将切断的葡萄根系拣出扔掉，防止根系腐烂产生有毒物质导致重茬现象（冬芽萌发新梢黄化和植株早衰）。开沟断根位置离主干30 厘米左右，开沟深度 30～40 厘米，开沟后及时增施有机肥和以氮肥为主的葡萄全营养配方肥——幼树 1 号肥（中国农业科学院果树研究所研制），以调节植株地上地下部分平衡，补充树体营养。待新梢长至 20 厘米左右时开始叶面喷肥，一般每7～10 天喷施 1 次 600～800 倍液的含氨基酸的氨基酸 1 号叶面肥（中国农业科学院果树研究所研制）；待新梢长至 80 厘米左右时施用 1 次以磷、钾肥为主的葡萄全营养配方肥——幼树 2 号肥（中国农业科学院果树研究所研制），叶面肥改为含氨基酸硼的氨基酸 2 号叶面肥（中国农业科学院果树研究所研制）和含氨基酸钾的氨基酸 5 号叶面肥（中国农业科学院果树研究所研制），每10 天左右交替喷施 1 次，喷施浓度 600～800 倍。

（2）**对于超长梢修剪更新或选择性短截更新的植株。**一般于新梢长至 20 厘米左右时开始强化叶面喷肥，配方以含氨基酸的氨基酸 1 号叶面肥、含氨基酸硼的氨基酸 2 号叶面肥、含氨基酸钙的氨基酸 4 号叶面肥和含氨基酸钾的氨基酸 5 号叶面肥（中国农业科学院果树研究所研制）为宜；待果实采收后及时施用 1 次充分腐熟的牛羊粪等农家肥或商品有机肥，作为基肥；并混加葡萄全营养配方肥——结果树 5 号肥（中国农业科学院果树研究所研制）以促进新梢的花芽分化和发育。

（3）**叶片保护。**叶片好坏直接影响翌年结果母枝的质量高低，因此，叶片保护工作对于培育优良结果母枝至关重要，主要通过强化叶面喷肥提高叶片质量和防治病虫害达到保护叶片的目的。其次，棚膜揭除的方法对于叶片保护同样非常重要，对于非耐弱光品种，更新修剪后在萌发新梢长至 20 厘米之前需及时揭除棚膜，不能太晚，否则会对叶片造成光氧化甚至光伤害（彩图24）；对于耐弱光品种，果实采收后不需揭除棚膜，只需加大放风口防止设施内温度过高即可，如果揭除棚膜将对叶片造成严重的光伤害，进而影响花芽的进一步分化。

五 设施葡萄的土肥水管理

58. 在设施葡萄生产中，土壤酸化的危害主要有哪些？

当我们在设施葡萄生产过程中发现葡萄植株的生长状况越来越差，产量和品质开始严重下降，各种病害频繁发生，植株的抗性严重下降时，就应该考虑是否发生土壤酸化。土壤酸化会对设施葡萄以及土壤造成多方面的影响。①抑制设施葡萄根系发育。土壤酸化可加重土壤板结，使根系生长与吸收功能降低，植株长势弱，产量和品质降低。②葡萄植株长势减弱，抗病能力降低，易被病害侵染。③中、微量元素吸收利用率低。土壤酸化不仅会造成氮素的大量流失，而且导致根系生长弱及某些养分自身吸收利用率低，其结果为化肥用量越来越大，而植株长势却越来越差。④微生物种群比例失调。酸性土壤中易滋生致病真菌，使得分解有机质及蛋白质的主要微生物类群，如芽孢杆菌、放线菌等有益微生物的数量降低，导致土传病害日益严重。⑤在酸性条件下，铝、锰的溶解度增大，对葡萄植株产生毒害作用。土壤中的氢离子增多，对葡萄吸收其他阳离子产生拮抗作用。

59. 土壤酸化的成因主要有哪些？

简单来说，土壤 pH 低于 6.0 说明土壤趋于酸化，pH 越小说明土壤酸化越严重。设施土壤酸化较为明显的地区主要集中在南方红黄壤地区、部分沿海地区、种植多年的设施地块以及大量使用生理酸性肥料的地块当中。土壤酸化的成因有以下几种。①设施葡萄产量高、对养分的吸收量大，植株生长过程中从土壤中吸收过多的碱基元素，如钙、镁、钾等，导致土壤中的钾和中、微量元素被过度消耗，土壤向酸化方向发展。②大量生理酸性肥料的施用，如硫酸钾和硫酸铵等；加之设施内土壤受雨水淋溶极少，随着栽培年限的增加，耕层土壤酸根离子积累越来越严重，导致土壤酸化。③化学肥料用量很大，优质有机肥用量极少，连年种植以后导致土壤有机质含量下降，从而造成了土壤缓冲能力下降。在缓冲能力低的土壤中稍微施用一些生理酸性肥料，就会引起土壤 pH 的下降，进而表现出酸化情况。④施肥比例失调。高浓度的氮、磷、钾肥投入过多，而钙、镁、铁、锌等元素施入相对不足，造成土壤养分失调，土壤胶粒中的钙、镁等元素很容易被氢离子置换。⑤土壤中动植物呼吸作用形成的碳酸，以及动植物残体经微生物分解形成的有机酸等都可以引起土壤酸化，但这一过程发生得非常缓慢。

由此可见，设施葡萄土壤酸化主要是因为肥料使用不合理造成的。

60. 如何预防土壤酸、碱化？

预防土壤酸、碱化，及时测土很重要。在设施葡萄栽培中，由于化学肥料的用量相对较多，肥料种类也很多，不同类型的肥料会对土壤的酸碱度形成一定的影响。例如使用硫酸铵、硫酸钾等生理酸性肥料，会降低土壤的 pH；使用石灰、碳酸钙等生理碱性肥料，会提高土壤的 pH。因此，设施葡萄栽培中，要时刻注意土壤酸碱度的变化。目前，检测土壤酸碱度的方法有很多，例如使用简易而快速的酸碱度速测仪，或使用比较廉价的酸碱度试纸等，当然还有许多精密的土壤酸碱度检测设备，不过成本比较高。近年来，随着土壤检测在设施栽培上的普及，越来越多的果农了解土壤酸碱度可通过土壤检测获得。只要不是出现严重的偏施某种肥料的情况，土壤的酸碱度变化不会很大。而土壤酸碱度变化不仅与化学肥料有关，更与土壤的理化性质和缓冲能力有很大关系。因此，通过土壤检测，不仅能准确反映出土壤酸碱度情况，更能够通过了解土壤其他信息，判断导致土壤酸碱度变化的因素，从而在对土壤酸碱度变化的预防和调节上做到有的放矢。

61. *如何治理土壤酸化？*

（1）**增施有机肥，提高土壤缓冲能力。**葡萄栽培时，我们要求土壤酸碱度适宜，不能出现较大的变化，而稳定土壤酸碱度时，土壤缓冲能力显得至关重要。良好的土壤有丰富的团粒结构，土壤缓冲能力极佳，无论对酸碱度的平衡还是温度、水汽以及养分的平衡都有良好的作用；而团粒结构少的土壤，如板结、盐渍化的土壤，其缓冲能力很差，稍微用些生理酸性或碱性肥料，土壤的酸碱度就会出现变化。提高土壤缓冲能力，其根本是创造更多的团粒结构，而团粒结构的形成不能缺少有机质和有益菌。

（2）**地域不同，方法不同。**对于南方天然的酸性土壤，要坚持使用化学碱性肥料或生理碱性肥料。例如生石灰改良法，即将生石灰施入土壤，可中和酸性，提高土壤 pH，直接改良土壤的酸化状况，并且能为葡萄补充大量的钙；撒完石灰以后，使用旋耕机细致翻地，使石灰和土壤充分混合。当然，也可以使用硅钙镁肥、钙镁磷肥及磷酸氢钙（俗称白肥）来改良酸性土壤。需要注意的是，磷酸氢钙是一种生理碱性肥料，用于南方酸性土壤效果好，而它易与过磷酸钙混淆，过磷酸钙可改良碱性土壤，而磷酸氢钙用于碱性土壤会将土壤 pH 提得更高。对于北方设施葡萄栽培中出现酸化的土壤，改良方法与上述类似，但需要注意的是，一方面可通过停止使用生理酸性肥料来恢复土壤酸碱度；另一方面可使用土壤调理剂来进行调节。

（3）行内（树盘）种植黑麦草等绿肥。据中国农业科学院果树研究所葡萄课题组，2018—2019 年在云南元谋酸性土壤葡萄园的研究表明，行内（树盘）种植黑麦草 1 年后，可将土壤 pH 由 5.0 调节至 6.0，显著减轻了土壤的酸化问题。总体来说，在改良酸性土壤时，不仅要使用化学碱性肥料或生理碱性肥料进行快速调节，更重要的是需增加有机肥与菌肥的用量及种植绿肥，以促成土壤形成更多的团粒结构，从而避免酸性土壤改良效果的流失。

62. 设施葡萄土壤盐渍化的表现是什么？

土壤盐渍化是指易溶性盐分在土壤表层积累的现象或过程，也称盐碱化，其有 3 种程度的表现，分别是轻度表现、中度表现和重度表现。

（1）轻度表现。土壤发青，即在土壤表层出现绿油油的一层绿苔，也就是"青霜"。

（2）中度表现。土壤呈砖红色，即在地面湿度大的时候，土壤表层会看到一块块红色的胶状物，土壤干后，就会出现一片片类似红砖表面粉状颗粒的东西，即"红霜"，造成葡萄叶片萎蔫等负面影响，影响葡萄产量。

（3）重度表现。土壤发白，即地面在干燥的情况下会出现薄薄的一层"白霜"，此时盐渍化已特别严重，设施葡萄根系会特别少，后期植株连片萎蔫、生长受阻，出现严重早衰，根系的水分倒流，根系皮层发红。

63. 设施葡萄土壤盐渍化的成因是什么？

①设施土壤因不受降雨影响，土壤中的盐分不能随雨水流失或淋溶到土壤深层而残留在土壤表层，使表层土壤呈现盐渍化。②灌水频繁和化肥不合理施用使土壤团粒结构遭到破坏，土壤形成板结层，通透性变差，导致盐分不能渗透到土壤深层，水分蒸发后在土壤表层积累。③施用未腐熟的农家肥。由于设施内的温度高，农家肥迅速挥发分解后，大量的氨被挥发，使一些硫化物、硫酸盐、有机盐和无机盐残留于耕层土壤内，造成设施土壤板结、盐渍化。

64. 在设施葡萄生产中，如何防治土壤盐渍化？

（1）土壤深翻。 把富含盐类的表土翻到下层，把含盐量相对较少的下层土壤翻到上层，可极大减轻盐渍化危害。对于黏重土壤，结合整地，适量掺沙，改善土壤结构，增强土壤的通透性。

（2）增施优质腐熟的有机肥料或种植绿肥。 最好是施用纤维素多（即碳氮比高）的有机肥，例如秸秆堆肥，可大大增强土壤肥力，这样既有利葡萄根系的伸展，增强根系吸收养分和水分的能力，又可提高设施土壤的有机质含量。

（3）基肥深施，追肥少量多次。 用化肥作基肥时要深施，作追肥时要少量多次，不可一次施肥过多，避免造成土壤溶液的浓度升高。

65. 葡萄园生草有哪些优缺点？

葡萄园生草法是指在葡萄园行间、行内或全园长期种植多年生植物的一种土壤管理办法（彩图 25），分为人工种草和自然生草两种方式，适于在年降水量较多（年降水量＞600 毫米）或有灌水条件的地区。葡萄园生草可减少土壤冲刷，增加土壤有机质含量；改善土壤理化性质，有效减轻土壤酸化、盐渍化；使土壤保持良好团粒结构，防止土壤暴干、暴湿，保墒，保肥；促进葡萄根系下扎，有效解决滴灌造成的葡萄根系上浮问题；促进根系吸收矿质营养，显著提高根系内养分含量；改善果实品质；改善葡萄园生态环境，为病虫害生物防治和绿色果品生产创造条件；减少葡萄园管理用工，便于机械化作业，同时，生草果园可以保证机械作业随时进行，即使在雨后或刚灌溉的土地上，也能进行机械作业，如喷洒农药、生长季修剪、采收等，保证作业准时、不误季节；葡萄园生草还可经济利用土地，提高果园综合效益。

66. 葡萄园行内生草有哪些优缺点？

与行间生草相比，行内生草与葡萄根系的互作更为直接，因此，效果更为显著。为解决滴灌造成的葡萄根系上浮和土壤酸化问题，探明葡萄园行内生草对葡萄根系生长和土壤营养状况的影响，以清耕为对照，中国农业科学院果树研究所葡萄课题组在中国农业科学院果树研究所的葡萄核心技术试验示范园（辽宁省兴城市）内，行内种植黑麦草和紫花苜蓿，研究行内生草对葡萄不同根层根系长度和根系表面积、土壤有机质及矿质元素含量的影响。结果表明，黑麦草和紫花苜蓿较清耕均显著提高不同时期和不同土层的葡萄根系长度和根系表面积（$P < 0.05$），且增幅为黑麦草＞紫花苜蓿＞清耕。黑麦草具有减轻葡萄园土壤酸化的效果，其土壤 pH 为 6.22～7.04，高于清耕的 6.14～6.39。种植黑麦草后，坐果期、转色期和收获期的土壤有机质含量较清耕分别显著提高了 24.71％、48.07％和 44.44％（$P < 0.05$），而种植紫花苜蓿后，这些含量较清耕分别提高了 7.87％、29.88％和34.07％。种植黑麦草后，坐果期、转色期和收获期的土壤中碱

解氮含量较清耕分别显著提高了 40.40%、51.46%、22.15%（$P<0.05$），而种植紫花苜蓿后，这些含量较清耕分别提高了 29.88%、28.03%、5.42%。种植黑麦草和种植紫花苜蓿较清耕均显著提高了各个时期的土壤有效磷含量（$P<0.05$），钾元素含量明显增加，黑麦草处理的土壤中全钾、全磷和有效磷含量最高，其次是紫花苜蓿处理，清耕最低。综上，行内种植黑麦草对增加葡萄根系长度和根系表面积、提高土壤有机质含量、减轻土壤酸化、增加必需营养元素含量等方面的效果优于种植紫花苜蓿和清耕。当然，生草果园也存在和覆草管理相似的缺点，如果园不易清扫、病虫源增加等问题，针对这些缺点，应相应加强管理。

67. 葡萄园生草如何操作？

人工种草草种多用豆科或禾本科等矮秆、适应性强的草种，如毛叶苕子、三叶草、鸭茅、黑麦草、百脉根和苜蓿等；自然生草利用田间自有草种即可。待草长至 30～40 厘米高时利用碎草机留 5 厘米茬粉碎，如气候过于干旱，则于草高 20～30 厘米时留 5 厘米茬粉碎，如降雨过多，则待草高 50 厘米左右时留 5 厘米茬粉碎。为保证草生长良好，每两年保证草结籽一次。粉碎的草可覆盖在树盘或行间，使其自然分解腐烂或结合畜牧养殖过腹还田，增加土壤肥力。人工种草一般在秋季或春季深翻后播种草种，秋季播种最佳，可有效解决生草初期滋生杂草的问题。

68. 葡萄园覆盖法的优缺点和具体操作是什么？

覆盖栽培是一种较为先进的土壤管理方法，利于保持土壤水分和增加土壤有机质含量。

(1) 优缺点。果园覆盖法具有以下优点：保持土壤水分，防止水土流失；增加土壤有机质含量；改善土壤表层环境，促进树体生长；提高果实品质；浆果生长期内采用果园覆盖措施可使水分供应均衡，防止因土壤水分剧烈变化而引起裂果；减轻浆果日烧病。覆盖栽培也有一些缺点，如葡萄树盘覆草后不易灌水；另外，由于覆草后果园的杂物包括残枝落叶、病烂果等，不易清理，为病虫提供了躲避场所，增加了病虫来源；因此，在病虫防治时，要对树上树下细致喷药，以防病虫危害加剧。

(2) 具体操作。葡萄园常用的覆盖材料为地膜或麦秸、麦糠、玉米秸、稻草等。一般于春、夏季覆盖黑色地膜或园艺地布（彩图 26），夏、秋季覆盖麦秸、麦糠、玉米秸、稻草或杂草等，覆盖材料越碎、越细越好。覆草多少根据土质和草量情况而定，一般每亩平均覆干草 1 500 千克以上，厚度 15～20 厘米，上面压少量土，每年结合秋施基肥深翻。

69. 在设施葡萄生产中，如何进行土壤管理？

(1) 树盘管理。①对于利用避雨棚和塑料大棚作为栽培设施的模式，主要包括春促早栽培模式、秋延迟栽培模式和避雨栽培模式等，树盘管理采取生草制度，以秋季播种黑麦草最佳。②对于利用日光温室作为栽培设施的模式，主要包括冬促早栽培模式、秋促早栽培模式、冬延迟栽培模式等，葡萄萌芽后至落叶，树盘覆盖采用黑地膜，以降低栽培设施内的空气湿度。

(2) 行间管理。①对于利用避雨棚和塑料大棚作为栽培设施的模式，主要包括春促早栽培模式、秋延迟栽培模式和避雨栽培模式等。在埋土防寒地区，葡萄园行间采取自然生草制度，一般情况下待草长至 30～40 厘米高时，利用果园碎草机留 5 厘米茬粉碎，如气候过于干旱，则于草高 20 厘米左右留 5 厘米茬粉碎，如降雨过多，则待草高 50 厘米左右时留 5 厘米茬粉碎，为保证草生长良好，每两年保证草结籽一次；在非埋土防寒地区，葡萄园行间采用人工种草制度，人工种草草种多用豆科或禾本科等矮秆、适应性强的草种，如毛叶苕子、三叶草、鸭茅、黑麦草、百脉根和苜蓿等，一般情况下待草长至 30～40 厘米高时，利用果园碎草机留 5 厘米茬粉碎，如气候过于干旱，则于草高 20 厘米左右留 5 厘米茬粉碎，如降雨过多，则待草高 50 厘米左右时留 5 厘米茬粉碎。粉碎的草可覆盖在树盘或行间，使其自然分解腐烂或结合畜牧养殖过腹还田，增加土壤肥力。人工种草一般在秋季或春季深翻后播种草种，秋季播种最佳，可有效解决生草初期滋生杂草的问题。②对于利用日光温室作为栽培设施的模式，主要包括冬促早栽培模式、秋促早栽培模式、冬延迟栽培模式等，葡萄萌芽后至落叶，与树盘覆盖相结合，行间也应覆盖黑地膜，形成全园覆盖黑地膜，以降低栽培设施内的空气湿度。

70. 设施葡萄萌芽至始花阶段对各矿质元素的需求特点及施肥策略是什么？

　　树体在萌芽至始花阶段对各种养分的吸收需求量均较大，约占全年吸收需求量的 10% 左右。氮、磷和钾的需求量占全年需求量的比率（吸收分配比率）均超过了 14%，其中钾的吸收分配比率最高，为 21.1%，氮其次，为 19.0%，磷第三，为 14.4%；钙和镁略低，分别为 9.5% 和 7.6%。除钼较低（6.1%）外，此阶段对各微量元素的吸收分配比率均高于 10%，其中硼最高，为 19.6%；铜和锰次之，分别为 16.2% 和 14.5%；铁和锌略低，分别为 11.6% 和 10.6%。因此，本阶段不能偏施氮肥，除氮肥外，尤其注意钾肥和磷肥的施用，应根据土壤实际情况均衡施肥。

71. 设施葡萄花期（始花至末花阶段）对各矿质元素的需求特点及施肥策略是什么？

设施葡萄花期（始花至末花阶段）对各矿质元素的吸收分配比率虽然较低，但除钼（4.3%）外，大部分都超过8.0%，氮、磷、钾、钙、镁、硼、铜、铁、锰和锌的吸收分配比率分别为13.0%、8.3%、11.6%、10.5%、11.0%、10.4%、8.1%、10.2%、11.3%和10.7%。因此，目前葡萄生产中主要依靠叶面施肥的方法补充花期养分的做法值得商榷，建议采取土施为主、叶面施肥为辅的方法。

72. 设施葡萄幼果发育阶段（末花至果实转色生育阶段）对各矿质元素的需求特点及施肥策略是什么？

设施葡萄的幼果发育阶段（末花至果实转色生育阶段）虽然不是植株对所有矿质元素吸收的最大需求期，但对各矿质元素的吸收需求量占全年吸收需求量的比率基本均超过20%。本生育阶段，设施葡萄对氮、钾和硼的吸收需求量在各生育阶段中最高，分别占全年吸收需求量的30.1%、35.0%和34.9%；对镁、铁、锰、锌、铜和钼的吸收需求量在各生育阶段中居第二位，分别占全年吸收需求量的23.2%、27.1%、23.1%、21.6%、19.9%和30.3%；对磷和钙的吸收需求量在各生育阶段中居第三位，分别占全年吸收需求量的18.9%和20.6%。因此，本阶段是全年施肥管理的重点，需要注意各养分的均衡供应。

73. 设施葡萄果实转色至采收生育阶段对各矿质元素的需求特点及施肥策略是什么？

　　果实转色至采收生育阶段，设施葡萄对磷、钙和钼的吸收分配比率较大，本生育阶段的吸收需求量分别占全年吸收需求量的24.6%、21.9%和25.5%；氮、铁、锰和锌的吸收分配比率次之，分别为18.8%、17.2%、16.0%和18.4%；本生育阶段对钾、镁、硼和铜的吸收分配比率最小，本生育阶段的吸收需求量分别占全年吸收需求量的14.3%、15.5%、15.6%和14.7%。果实转色期重点多施钾肥是葡萄生产中的普遍认识，但本研究表明，果实转色至采收生育阶段设施葡萄对钾的吸收需求量并不大，仅占全年吸收需求量的14.3%，而萌芽至果实转色生育阶段钾的需求量占全年需求量的67.7%，尤其是末花至果实转色生育阶段，钾的吸收需求量最大，达全年吸收需求量的35.0%。因此，钾肥的施用重点在前期，末花至果实转色生育阶段（果实膨大期）的施钾量应最大。

74. 设施葡萄果实采收至落叶生育阶段对各矿质元素的需求特点及施肥策略是什么？

　　果实采收至落叶生育阶段，设施葡萄对大多数矿质元素的吸收需求量在各生育阶段中占比最高，例如此生育阶段，设施葡萄对磷、钙、镁、铜、铁、锰、钼和锌的吸收需求量占全年的吸收需求量分别高达33.8%、37.5%、42.6%、41.1%、33.9%、35.0%、33.8%和38.7%，仅氮、钾和硼略低，但本生育阶段对其的吸收需求量在各生育阶段中也高居第二位或第三位，占全年吸收需求量的18%以上，这可能与设施葡萄该生育阶段时间较长且存在补偿性生长有关。因此，在各生育阶段中，果实采收至落叶生育阶段的施肥量应最大。

75. 生产 1 000 千克果实，设施葡萄对不同矿质元素的年需求量是多少？

从表 4 可以看出，设施葡萄对各元素的全年需求量从高到低依次为：钙（7.74 千克）＞钾（5.79 千克）＞氮（5.71 千克）＞磷（2.35 千克）＞镁（1.30 千克）＞铁（242.84 克）＞锰（66.48 克）＞锌（29.66 克）＞硼（10.31 克）＞铜（10.13 克）＞钼（0.88 克）。其中，设施葡萄对大中量元素的需求量以钙最高，钾和氮其次，磷和镁最少；对微量元素的需求量以铁最高，其次为锰，再次为锌、硼和铜，钼的需求量最低。因此，鲜食葡萄不仅是钾质作物，更是钙质作物。

表 4　生产 1 000 千克果实设施葡萄对各矿质元素的年需求量
（2017—2018 年连续 2 年的平均值）

氮（千克）	磷（千克）	钾（千克）	钙（千克）	镁（千克）	硼（克）	铜（克）	铁（克）	锰（克）	钼（克）	锌（克）
5.71	2.35	5.79	7.74	1.30	10.31	10.13	242.84	66.48	0.88	29.66

76. 葡萄专用肥的"5416"研发方案是什么？

目前，我国葡萄营养与施肥应用基础与应用技术研究薄弱，施肥管理以经验为主，施肥技术落后，肥料利用率低，致使果园土壤酸化、盐渍化和板结逐年加重，树体营养失调，生理病害普遍发生，严重影响了我国葡萄产业的健康可持续发展。因此，开展葡萄配方肥研究，根据葡萄的生长发育阶段按需施肥，提高肥料利用效率，解决树体营养失调问题，对于促进我国葡萄产业的健康可持续发展具有重要的理论价值和实践意义。

　　中国农业科学院果树研究所进行了多年科研攻关，研究发现，针对葡萄等果树而言，氮、钾和钙的需求量大，属于大量元素；磷和镁等元素的需求量中等，属于中量元素。基于此，中国农业科学院果树研究所提出了一种确定葡萄配方肥配方的方法并申请了国家发明专利，为葡萄配方肥研究奠定了理论基础。该方法是基于葡萄矿质营养年吸收运转规律的全年"5416"（5因素、4水平、16个处理）正交施肥实验而提出的。

　　首先，明确葡萄矿质营养的年吸收运转规律，绘制葡萄矿质营养年吸收运转规律图。选择生长健壮且处于盛果期的葡萄为试材，于萌芽期、始花期、末花期、转色/软化期、果实采收期和落叶休眠期6个关键时期刨树并将其解剖为根系、主干、主枝/蔓、新梢/枝条、叶片、叶柄、花或果实等部位，测定分析植株各部位的氮、磷、钾、钙和镁等需求量较大的元素的含量，计算出葡萄萌芽至始花、始花至末花（开花阶段）、末花至果实转色/软化（幼果发育阶段）、果实转色/软化至果实成熟采收（果实成熟阶段）、果实采收至植株落叶休眠（果实采后阶段）等关键生长发育阶段植株对氮、磷、钾、钙和镁的需求量，绘制出葡萄矿质营养年吸收运转规律图；同时计算出生产单位产量（100千克）果实对应的氮、磷、钾、钙和镁的需求量。为消除年际间差异，实验至少需要3年以上。

　　其次，开展全年"5416"正交施肥实验（表5）。即氮、磷、钾、钙和镁5因素，高（1.5倍）、中（1.0倍）、低（0.5倍）施肥量及0对照4水平，16个处理优化的不完全实施的正交实验。本设计中氮、磷、钾、钙和镁元素的施肥量为全年施肥量，是基于上述中得到的生产单位产量（100千克）果实对应的氮、磷、钾、钙和镁等元素的需求量，再根据目标产量计算得出的，同时需要根据当地土壤的实际氮、磷、钾、钙、镁等元素含量和肥料利用率进行调整。实验实施过程中，不同生育阶段氮、磷、钾、钙、镁施用量基于葡萄矿质营养年吸收运转规律计算得出。

葡萄成熟时测定果实产量和品质，以固定产量生产优质果品为目标进行统计分析，首先得出氮、磷、钾、钙、镁全年的最优施肥配比和施肥量，然后基于葡萄矿质营养年吸收运转规律计算得出不同生育阶段的氮、磷、钾、钙、镁的最优施肥配比和施肥量。为消除年际间差异，实验至少需要3年以上。

表5 "5416"实验处理表（5因素、4水平、16个处理）

处理号	因子的编码值				
	N	P_2O_5	K_2O	CaO	MgO
1	1	1	1	1	1
2	1	2	2	2	2
3	1	3	3	3	3
4	1	4	4	4	4
5	2	1	2	3	4
6	2	2	1	4	3
7	2	3	4	1	2
8	2	4	3	2	1
9	3	1	3	4	2
10	3	2	4	3	1
11	3	3	1	2	4
12	3	4	2	1	3
13	4	1	4	2	3
14	4	2	3	1	4
15	4	3	2	4	1
16	4	4	1	3	2

77. 葡萄同步全营养配方肥是什么？

中国农业科学院果树研究所在对葡萄矿质营养需求和吸收运

转规律、葡萄园土壤养分释放特性、有机肥养分释放特性、单施化肥条件下矿质营养元素的吸收利用效率和有机肥配施条件下矿质营养元素的吸收利用效率等葡萄营养与施肥应用基础研究的基础上，采取基于葡萄矿质营养年吸收运转规律的全年"5416"正交施肥实验，以固定产量生产优质果品为目标，制定出测土配方施肥的土壤有效养分含量标准和植株组织分析营养诊断辅助标准，在国内率先研发出葡萄同步全营养配方肥，分为幼树阶段和结果阶段不同的配方肥，为葡萄按需施肥、精准施肥的实施提供了产品基础。其中，幼树阶段配方肥分为幼树 1 号配方肥（生长前期，促长整形）和幼树 2 号配方肥（生长后期，控旺促花）；结果阶段配方肥分为结果树 1 号肥（为萌芽至始花阶段提供营养，促进萌芽整齐和新梢健壮生长）、结果树 2 号肥（为始花至末花阶段提供营养，促进坐果）、结果树 3 号肥（为末花至果实转色/软化的幼果发育阶段提供营养，促进幼果发育）、结果树 4 号肥（为果实转色/软化至果实成熟采收的果实成熟阶段提供营养，促进果实成熟）和结果树 5 号肥（为果实采收至植株落叶休眠阶段提供营养，提高树体贮藏营养水平）。

78. 含氨基酸功能水溶性肥料有哪些？

中国农业科学院果树研究所研发的功能水溶性肥料，是基于葡萄叶片和果实发育机理研发而成的，主要用于叶面喷施，获得两项国家发明专利（ZL201010199145.0 和 ZL201310608398.2）并批量生产【安丘鑫海生物肥料有限公司，生产批号：农肥（2014）准字 3578 号】，在第十六届中国国际高新技术成果交易会（深圳）上获得优秀产品奖。经多年多点的示范推广表明，自盛花期开始喷施含氨基酸功能水溶性肥料系列叶面肥，可显著改善葡萄的叶片质量，表现为叶片增厚、比叶重增加、栅栏组织和海绵组织增厚、栅海比增大；叶绿素 a、叶绿素 b 和总叶绿素的含量增加；同时提高叶片净光合速率、延缓叶片衰老；改善葡萄的果实品质，果粒大小、单粒重及可溶性固形物含量、维生素 C 含量和超氧化物歧化酶活性明显增加，果粒表面光洁度明显提高，并显著提高果实成熟的一致性；显著提高葡萄枝条的成熟度，改善葡萄植株的越冬性；同时显著提高叶片的抗病性。

在葡萄的不同生长发育阶段需喷施配方不同的氨基酸叶面肥，具体操作如下：从展 3～4 片叶开始至花前 10 天，每 7～10 天喷施 1 次 800～1 000 倍液的含氨基酸的氨基酸 1 号叶面肥，以提高叶片质量；花前 10 天和花前的 2～3 天各喷施 1 次 600～800 倍液的含氨基酸硼的氨基酸 2 号叶面肥，以提高坐果率；坐果至果实转色前，每 7～10 天喷施 1 次 600～800 倍液的含氨基酸钙的氨基酸 4 号叶面肥，以提高果实硬度；果实转色后至果实采收前，每 5～10 天喷施 1 次 600～800 倍液的含氨基酸钾的氨基酸 5 号叶面肥。

79. 设施葡萄的施肥原则是什么？

（1）**有机肥、无机肥和生物肥料相结合。**增施有机肥和生物肥料可以增加土壤有机质含量，改善土壤物理、化学和生物性状，提高土壤保水保肥能力，增强土壤微生物的活性，提高化肥利用率。

（2）**大量、中量、微量元素配合。**各种营养元素的配合是配方施肥的重要内容，强调氮、磷、钾、钙、镁肥的相互配合，并补充其他必要的中量、微量元素，才能达到高质、高产、稳产。

（3）**用地与养地相结合，投入与产出相平衡。**要使作物-土壤-肥料形成物质和能量的良性循环，避免土壤肥力下降。

（4）**按照葡萄的需肥特性和需肥规律施肥。**除氮、磷、钾肥外，重视钙肥和镁肥的施用；重视幼果发育期钾肥的施用；重视微肥的施用；葡萄是氯敏感作物，注意含氯化肥的使用，切忌过量。

（5）依据葡萄需肥时期施肥。同一肥料因施用时期不同而产生效果不同，葡萄需肥时期与物候期有关。养分首先满足生命活动最旺盛的器官，即生长中心，也就是养分的分配中心。随着生长中心的转移，分配中心也随之转移，若错过这个时期施肥，一般补救作用不大。葡萄主要的生长中心会发生于新梢生长、开花、坐果、幼果膨大、花芽分化、果实成熟等时期。有时，有的生长中心有重叠现象，如在幼果膨大期与花芽分化期，就出现养分分配和供需的矛盾。因此，必须视土壤肥力状况给予适量的追肥，才能减缓生长中心竞争营养的矛盾，使树体平衡地生长发育。

（6）依据肥料性质施肥。易流失挥发的速效性肥料或施后易被土壤固定的肥料，如碳酸氢铵、过磷酸钙等宜在葡萄需肥稍前施入；迟效性肥料如有机肥，因腐烂分解后才能被葡萄吸收利用，应提前施入。

80. 在设施葡萄生产中，如何施用基肥？

基肥又称底肥，以有机肥为主，同时加入适量的化肥，是较长时期供给葡萄多种养分的基础肥料，施入土壤后才逐渐分解，可不断供给葡萄可吸收的大量元素和微量元素。基肥施用的时期根据栽培模式确定，不耐弱光葡萄品种（如夏黑等）的冬促早栽培中，结合更新修剪施入基肥；耐弱光葡萄品种的冬促早栽培、春促早栽培、秋促早栽培、延迟栽培和避雨栽培中，应在采果后施入基肥。

基肥以有机肥（以生物有机肥最佳，其次是羊粪，最后是猪粪等农家肥）为主，加入适量配方肥，如中国农业科学院果树研究所研发的葡萄同步全营养配方肥结果树5号肥等。基肥施用量根据当地土壤情况、树龄、结果量等情况而定，一般果肥重量比为1∶2。施基肥多采用沟施或穴施。一般每1～2年施1次，最好每年施1次。具体操作为：利用施肥机械或人工将有机肥和化肥混合施入深25～45厘米的土壤中，为避免根系上浮，深0～25厘米的表层土壤不能混入肥料；同时，在冬季需下架防寒的栽培模式中，为避免根系水平延伸过长造成冬季防寒取土时根系侧冻问题的发生，施肥沟的位置应距离主干30～50厘米，不能距离过远。

81. 在设施葡萄生产中，如何进行土壤追肥？

追肥又叫补肥，在生长期进行，以化肥为主，是当年壮树、优质的基础，又给来年生长结果打下基础。追肥的次数和时期与气候、土质、树龄等有关。一般高温多雨气候或沙质土环境，肥料易流失，追肥次数可多一些；幼树追肥次数宜少，随树龄增长，结果量增多，长势减缓时，追肥次数要逐渐增多，以调节生长和结果的矛盾。

（1）**萌芽前追肥。**此期施用葡萄同步全营养配方肥的结果树1号肥。此次追肥主要补充基肥不足，以促进发芽整齐，新梢和花序发育。埋土防寒区在出土上架整畦后进行追肥，不埋土防寒区在萌芽前半月进行追肥，追肥后立即灌水。追肥时注意不要碰伤枝蔓，以免引起过多伤流，浪费树体贮藏营养。对于上年已经施入足量基肥的园区本次追肥不需进行。

（2）**花前追肥。**此期施用葡萄同步全营养配方肥的结果树2号肥。萌芽、开花、坐果需要消耗大量营养物质。但早春的根系吸收能力差，主要消耗贮藏养分，若此时树体营养水平较低，营养供应不足，会导致大量落花落果，影响营养生长，对树体不利，因此，生产上应重视此次施肥。对落花落果严重的品种如巨峰系品种，花前一般不宜施入氮肥。若树势旺，基肥施入数量充足时，花前追肥可推迟至花后。

（3）**花后追肥。**花后幼果和新梢均迅速生长，需要大量营养，施肥可促进新梢正常生长，扩大叶面积，提高光合效率，有利于碳水化合物和蛋白质的形成，减少生理落果。花前肥和花后肥相互补充，如花前已经追肥，花后不必追肥。

（4）**幼果生长期追肥。**此次追肥施用葡萄同步全营养配方肥的结果树 3 号肥。幼果生长期是葡萄需肥的临界期，及时追肥不仅能促进幼果迅速发育，而且对当年花芽分化、枝叶和根系的生长有良好促进作用，对提高葡萄产量和品质亦有重要作用。此次追肥宜氮磷钾钙镁配合施用，尤其要重视磷、钾肥及钙、镁肥的施用；对于长势过旺的树体或品种此次追肥要注意控制氮肥的施用。

（5）**果实生长后期即果实着色前追肥。**此次追肥施用葡萄同步全营养配方肥的结果树 4 号肥。这次追肥主要解决果实发育和花芽分化的矛盾，而且显著促进果实糖分积累和枝条正常老熟。对于晚熟品种此次追肥可与施基肥结合进行。

（6）**果实采收后。**此次追肥施用葡萄同步全营养配方肥的结果树 5 号肥。此次追肥一般结合基肥施用。

（7）**更新修剪后。**在设施葡萄冬促早栽培中，对于果实收获期在 6 月 10 日之前且不耐弱光的葡萄品种如夏黑等，果实采收后必须采取平茬或完全重短截更新修剪，并及时开沟断根施肥处理，方能实现连年丰产。开沟断根位置离主干 30 厘米左右，开沟深度 30～40 厘米，开沟后及时增施有机肥和以氮肥为主的葡萄全营养配方肥——幼树 1 号肥，以调节植株地上、地下部分平衡，补充树体营养，促进新梢生长和树冠成形。待新梢长至 80 厘米长左右时，施用 1 次以磷、钾肥为主的葡萄全营养配方肥——幼树 2 号肥，以控长促花，促进枝条成熟和花芽分化。

82. **在设施葡萄生产中，如何进行根外追肥？**

根外追肥又称叶面喷肥，是将肥料溶于水中，稀释到一定浓度后直接喷于植株上，通过叶片、嫩梢和幼果等吸收进入植物体内。主要优点是经济、省工、肥效快，可迅速克服缺素症状，对提高果实产量和改进品质有显著效果。但是根外追肥不能代替土壤施肥，二者各有特点，只有以土壤施肥为主，根外追肥为辅，相互补充，才能发挥施肥的最大效益。根外追肥要注意天气变化，夏天炎热，温度过高，宜在上午 10 时前或下午 4 时后进行，以免喷施后水分蒸发过快，影响叶面吸收并发生肥害；雨前也不宜喷施，避免肥料流失。

83. 设施葡萄的需水特性是怎样的？

葡萄植株需水有明显的阶段特异性，从萌芽至开花对水分需求量逐渐增加，开花后至开始成熟前是需水最多的时期；幼果第一次的迅速膨大期对水分胁迫最为敏感，进入成熟期后，对水分需求变少、变缓。

84. 设施葡萄的适宜灌溉时期有哪些？

(1) **催芽水。**当葡萄上架至萌芽前 10 天左右，结合追肥灌 1 次水，即催芽水，可促进植株萌芽整齐，有利新梢早期迅速生长。

(2) **促花水。**葡萄从萌芽至开花约需 44 天，一般灌 1~2 次水，又叫催穗水，可促进新梢、叶片迅速生长和花序的进一步分化与增大。花前最后一次灌水不应迟于始花前 1 周。这次灌水要灌透，使土壤水分能保持到坐果稳定后。个别果园忽视花前灌水，一旦出现较长时间的高温干旱天气，即会导致葡萄花期前后出现严重的落蕾落果，尤其是中庸树势或弱树势的植株落蕾落果现象较重。开花期切忌灌水，以防加剧落花落果；但对易产生大小果且坐果过多的品种，花期灌水可起疏果和疏小果的作用。

(3) 膨果水。坐果后至浆果种子发育末期的幼果发育期，应结合施肥进行灌水，此期应有充足的水分供应。随果实负载量的不断增加，新梢的营养生长明显变得缓弱。此期应加强肥水供应，增强副梢叶量，防止新梢过早停长。灌水次数视降水情况酌定。种子发育后期要加强灌水，防止高温干旱引起表层根系伤害和早期落叶。沙土区葡萄根群分布极浅，枝叶嫩弱，遇干旱极易引起落叶。试验结果表明，先期水分丰富、后期干燥的园区植株落叶最甚，同时影响对其他养分的吸收，尤其是磷的吸收，其次是钾、钙、镁的吸收；土壤保持70%田间持水量，果个大小及品质最优，过湿（70%～80%）则影响糖度的增加。

(4) 转色成熟水。果实转色至成熟期，在干旱时期，适量灌水对保证产量和品质有好处。但在葡萄浆果成熟前应严格控制灌水，对于鲜食葡萄应于采前15～20天停止灌水。这一阶段如遇降雨，应及时排水。

(5) 采后水。采果后，结合施基肥灌水1次，以促进营养物质的吸收，有利于根系的愈合及新根发生；遇秋旱时应灌水。

(6) 封冻水。在葡萄埋土前，应灌1次透水，有利于葡萄安全越冬。

以上各灌溉时期，应根据当时的天气状况和土壤湿度决定是否灌水和灌水量的大小。强调浇匀、浇足，不得跑水或局部积水。

85. 设施葡萄的适宜灌水量及灌溉的植物学标准是怎样的？

葡萄的适宜灌水量应在1次灌水中使葡萄根系集中分布范围内的土壤湿度达到最有利于生长发育的程度，一般以湿润80～100厘米宽（以主干为中心）、0～40厘米深的土层即可。过深不仅会浪费水资源，而且影响地温的回升；多次只浸润表层的浅灌，既不能满足根系对水分的需要，又容易引起土壤板结和温度降低，因此，要1次灌透。

（1）萌芽前后至开花期。 葡萄上架后，应及时灌水，此期正是葡萄开始生长和花序原基继续分化的时期，及时灌水可促进发芽整齐和新梢健壮生长。此期葡萄根系集中分布范围内的土壤湿度应保持在田间最大持水量的65%～75%，保持新梢梢尖呈弯曲生长状态。

（2）坐果期。 此期为葡萄的需水临界期，若水分不足，叶片和幼果争夺水分，常使幼果脱落，严重时导致根毛死亡，地上部生长明显减弱，产量显著下降。此期葡萄根系集中分布范围内的土壤湿度应保持在田间最大持水量的60%～70%；此期适度干旱可使授粉受精不良的小青粒自动脱落，减少人工疏粒用工量。

（3）果实迅速膨大期。 此期既是果实迅速膨大期又是花芽大量分化期，及时灌水对果树发育和花芽分化有重要意义。此期葡萄根系集中分布范围内的土壤湿度应保持在田间最大持水量的65%～75%，保持新梢梢尖呈直立生长状态。

（4）浆果转色至成熟期。 此期葡萄根系集中分布范围内的土壤湿度应保持在田间最大持水量的55%～65%，此期维持基部叶片颜色略微变浅为宜，待果穗尖部果粒比上部果粒软时需及时灌水，最迟为穗尖果梗表面出现轻微坏死斑即开始灌溉，切忌穗尖出现不可逆的干旱伤害。

（5）采果后和休眠期。 采果后结合深耕施肥适当灌水，有利于根系吸收营养和恢复树势，并增强后期光合作用，此期葡萄根系集中分布范围内的土壤湿度应保持在田间最大持水量的55%～65%。冬季土壤冻结前，必须灌1次透水，冬灌不仅能保证植株安全越冬，同时对下年生长结果也十分有利。

（6）更新修剪后。 在设施葡萄冬促早栽培中，对于果实收获期在6月10日之前且不耐弱光的葡萄品种如夏黑等，果实采收后必须采取平茬或完全重短截更新修剪，并及时开沟断根施肥处理，方能实现连年丰产。更新修剪、断根施肥后，灌1次透水；萌芽至新梢长至80厘米长时，及时灌水促进新梢健壮生长，此期土壤相对湿度应保持在65%～75%，新梢梢尖呈弯曲状生长；新梢长至80厘米长以后，适度控水，抑制新梢营养生长，促进花芽分化，此期土壤相对湿度应保持在65%左右，新梢梢尖呈直立生长状态。冬季土壤冻结前，必须灌1次透水。

86. 设施葡萄生产中有哪些主要的灌溉方法与技术？

在设施葡萄生产中，主要有漫灌、沟灌、滴灌、微喷灌等灌溉方法与技术。

（1）漫灌。即对全园进行大水漫灌，这是一种主要用于盐碱地葡萄园为减少耕层土壤中盐分时进行的特殊灌溉方法。

（2）沟灌。沟灌是目前生产中采用最多的一种灌溉方式，即顺行向做灌水沟，通过管道或渠道将水引入浇灌。沟灌时的水沟宽度一般为0.6～1.0米。与漫灌相比，可节水30%左右。

（3）滴灌。滴灌是通过特制滴头点滴的方式，将水缓慢送到作物根部的灌水方式。滴灌的应用从根本上改变了灌溉的概念，从原来的浇地变为浇树、浇根。滴灌可明显减少蒸发损失，避免地面径流和深层渗漏，可节水、保墒，防止土壤盐渍化，而且不受地形影响，适应性强。

（4）喷灌。喷灌把由水泵加压或自然落差形成的有压水通过压力管道送到田间，再经喷头喷射到空中，形成细小水滴，均匀地洒落在农田，达到灌溉的目的。一般来说，其明显的优点是灌水均匀、少占耕地、节省人力、对地形的适应性强；主要缺点是受风影响大、设备投资高。喷灌系统的形式很多，其优缺点也就有很大差别，在我国用得较多的有以下几种：固定管道式喷灌、半移动式管道喷灌、中心支轴式喷灌机、滚移式喷灌机、大型平移喷灌机、纹盘式喷灌机、中小型喷灌机组。它对地形、土壤等条件适应性强，但在多风的情况下，会出现喷洒不均匀、蒸发损失加大的问题。在设施葡萄生产中，喷灌具有减轻或避免霜冻危害或高温危害的作用，但容易增加空气湿度加重田间病害，因此，在应用此技术时要根据实际情况确定。

（5）**微喷灌**。为了克服滴灌设施造价高，而且滴灌带容易堵塞的问题，同时又要达到节水的目的，我国独创了微喷灌的灌溉形式，它兼有喷灌不易堵塞和滴灌耗水少的优点，克服了它们的一些缺点。微喷灌即将滴灌带换为微喷带，而且对水的干净程度要求较低，不易堵塞微喷口。在灌溉水带上均匀打微孔即成微喷带，但微喷带能够均匀灌溉的长度不如滴灌带长。微喷灌会增加空气湿度，在萌芽和新梢生长初期使用可起到减轻或避免晚霜冻害的作用；在新梢生长初期之后使用，田间空气湿度过大容易产生病害；因此，微喷灌必须结合地膜覆盖使用或安装微喷带时孔口向下。

（6）**小管出流灌溉**。小管出流灌溉是指在支管上打孔安装稳流器以后，在稳流器另一端安装一截毛管，直达作物根部的一种微灌方式。这种微灌由于出流孔径较滴灌出流孔径大得多，基本避免了堵塞问题，工作压力很低，只有 4～10 米水柱，流量为 80～250 升/时。这种方法投资较低、操作方便。

（7）**渗灌**。渗灌是继喷灌和滴灌之后的又一节水灌溉技术，是一种地下微灌形式。在低压条件下，通过埋于作物根系活动层的灌水器（如微孔渗灌管），根据作物的需水特性定时定量地向土壤中渗水，供给作物。适用于上层土壤具有良好毛细管特性，而下层土壤透水性弱的地区，但不适用于土壤盐碱化的地区。地下灌溉最早是由中国发明的，有暗管灌溉和潜水灌溉两种。前者灌溉水借设在地下管道的接缝或管壁孔隙流出渗入土壤；后者通过抬高地下水位，使地下水因毛管作用上升到作物根系层。渗灌系统全部采用管道输水，灌溉水是通过渗灌管直接供给作物根部，地表及作物叶面均保持干燥，蒸发减至最小，计划湿润层土壤含水率均低于饱和含水率。因此，渗灌技术中水的利用率是目前所有灌溉技术中最高的。渗灌系统首部的设计和安装方法与滴灌系统基本相同，所不同的是其尾部地埋渗灌管渗水量的主要制约因素是土壤质地和渗灌管的入口压力，即渗灌系统运行时的主要控制条件是流量，而滴灌系统完全是通过调节压力而控制流量的。淤堵是渗灌所面临的一大难题，包括泥沙堵塞和生物堵塞；另外，它的管道埋设于地下，水肥可能流入作物根系达不到的土壤层，造成水肥的浪费。因此，目前渗灌的大面积推广应用有一定限制。

87. **滴灌系统的类型有哪些？**

（1）**固定式滴灌系统。**这是最常见的一种滴灌系统。在这种系统中，毛管和滴头在整个灌水期内是不动的。因此，对于密植作物滴灌毛管和滴头的用量很大，系统的设备投资较高。

（2）**移动式滴灌系统。**一种是塑料管固定在一些支架上，通过某些设备移动管道支架；另一种是类似时针式喷灌机，绕中心旋转的支管长 200 米，由 5 个塔架支承；以上均属于机械移动式系统。人工移动式滴灌系统是支管和毛管由人工进行昼夜移动的一种滴灌系统，其投资最少，但不省工。

88. **滴灌系统的组成有哪些？**

滴灌系统主要由首部枢纽、管路和滴头 3 部分组成。

（1）**首部枢纽。**包括水泵（及动力机）、施肥设备、过滤设备、测量与控制设备等。其作用是抽水、施肥、过滤，以一定的压力将一定数量的水送入干管。其中，过滤器的选择是滴灌系统的关键，如果过滤器选择不当，滴头或者过滤器易被堵塞，导致系统流量不能满足灌溉，增加过滤器的清洗次数，给灌溉带来诸多不便。过滤器的选择一定要根据水源的水质情况和滴头对水质处理的要求而进行，必要时采用不同类型的过滤器组合进行多级过滤。

（2）**管路**。包括干管、支管、毛管以及必要的调节设备（如压力表、闸阀、流量调节器等），其作用是将加压水均匀地输送到滴头。干、支管的布置取决于地形、水源、作物分布和毛管的布置，其布置应达到管理方便、工程费用小的要求。一般当水源离灌溉区较近且灌溉面积较小时，可以只设支管，不设干管，相邻两级管道应尽量互相垂直以使管道长度最短而控制面积最大。在丘陵山地，干管多沿山脊布置或者沿等高线布置，支管则垂直于等高线，向两边的毛管配水；在平地，干、支管应尽量双向控制，两侧布置下级管道，可节省管材；同一灌溉区滴灌系统的布置可以有多种选择方案，应在全面掌握灌溉区作物、地形等资料的基础上通过综合分析确定，选择出适合于当地生产条件、工程投资少、管理方便的方案。

（3）**滴头**。其作用是使水流经过微小的孔道，形成能量损失，减小其压力，使它以点滴的方式滴入土壤中。滴头通常放在土壤表面，亦可浅埋保护。滴头和毛管的布置形式取决于作物种类、种植方式、土壤类型、滴头流量和滴头类型，还需同时考虑施工和管理的方便。果树和经济林等乔灌木树种的株间距变化较大，毛管的布置方式要根据树木大小、种植布局及滴头流量等因素确定。当果树的冠幅和栽植行距较大时，可以考虑毛管和滴头绕树布置，这种布置形式的优点在于湿润面积近于圆形，其湿润范围可根据树体的大小调整，也利于果树各个方向根系的生长。

（4）**压力补偿式滴头**。优点是借助水流压力使弹性硅胶片改变出水口断面，调节流量，使出水稳定；滴头间距根据作物株距可任意调整；灌水均匀度高，具有自动清洗功能；压力补偿性强，特别适用于地形起伏、系统压力不均衡和毛管较长的情况；

抗农用化学制品和肥料的腐蚀以及紫外线损伤，使用寿命长。规格参数为一般滴头流量 2～6 升/时，压力补偿范围一般在 0.1～0.3 兆帕。

89. 滴灌有哪些优点？

（1）**节水，提高水的利用率。**传统的地面灌溉需水量极大，而真正被作物吸收利用的量却不足总供水量的 50%，这对我国大部分缺水地区无疑是资源的巨大浪费，而滴灌的水分利用率却高达 90% 左右，可节约大量水分。

（2）**减小果园空气湿度，减少病虫害发生。**采用滴灌后，果园的地面蒸发大大降低，果园内的空气湿度与地面灌溉园相比会显著下降，减轻了病虫害的发生和蔓延。

（3）**提高劳动生产率。**在滴灌系统中有施肥装置，可将肥料随灌溉水直接送入葡萄根部，减少了施肥用工，提高肥效，节约肥料。

（4）**降低生产成本。**由于减少果园灌溉用工，实现了果园灌溉的自动化，从而使生产成本下降。

（5）**适应性强。**滴灌不用平整土地，灌水速度可快可慢，不会产生地面径流或深层渗漏，适用于任何地形和土壤类型。如果滴灌与覆盖栽培相结合，效果更佳。

90. 小管出流灌溉系统的组成及特点是怎样的？

（1）**小管出流灌溉系统组成。**①动力机械从水源提取水进入主管网。②首部系统包括控制系统、施肥系统和过滤系统。③主管网作为输水主管，一般由 PE 管材和 PE 管件组成。④灌水器由稳流器及毛管组成。

（2）**小管出流灌溉系统的特点。**①节能，堵塞问题小，水质净化处理简单。小管灌水器的流道直径比滴灌灌水器的流道直径或孔口直径大得多，而且采用大流量出流，解决了滴灌系统灌水器易堵塞的难题。因此，一般只要在系统首部安装 60～80 目的筛网式过滤器就足够了（滴灌系统过滤器过滤介质则需要120～200 目）。如果利用水质良好的井水灌溉或水质较好的水池灌溉，也可以不安装过滤器。同时，由于过滤器的网眼大、水头损失小，既减少能量消耗，又可延长冲洗周期。②施肥方便。果树施肥时，可将化肥液注入管道内随灌溉水进入作物根区土壤，也可把肥料均匀地撒于渗沟内溶解，随水进入土壤。特别是施有机肥时，可将各种有机肥带入渗水沟下的土壤中，在适宜的水、热、气条件下熟化，充分发挥肥效。③省水。小管出流灌溉是一种局部灌溉技术，只湿润渗水沟两侧作物根系活动层的部分土壤，水的利用率高，而且是管网输配水，没有输渗漏损失，可比地面灌溉节约用水 60％以上。④适应性强，操作简单、管理方便。对各种地形、土壤等均可适用。

（3）稳流器特点与参数。①采用稳流器装置，出流稳定，均匀度达 90％以上，平地铺设长度 100 米以上；抗堵塞能力强，可深埋地下，不影响地面工作。根据作物需要，可根据实际情况安装。②稳流器的参数为流量 10～70 升/时，工作压力 0.1～0.3 兆帕。

91. 渗灌的优缺点有哪些？

（1）渗灌的优点。①灌水后土壤仍保持疏松状态，不破坏土壤结构，不产生土壤表面板结，为作物提供良好的土壤水分状况；②地表土壤湿度低，可减少地面蒸发；③管道埋入地下，可减少占地，便于交通和田间作业，可同时进行灌水和农事活动；④节省灌水量，灌水效率高，亦能减少杂草生长和植物病虫害；⑤渗灌系统流量小，压力低，可减小动力消耗，节约能源。

（2）渗灌的缺点。①表层土壤湿度较差，不利于作物种子发芽和幼苗生长，也不利于浅根作物生长；②投资高，施工复杂，且管理维修困难，一旦管道堵塞或破坏，难以检查和修理；③易产生深层渗漏，特别对透水性较强的轻质土壤，更容易产生渗漏损失。

此外，在某些地下水位高又有渍涝威胁的地区，还有排灌两用的地下灌溉系统。这种系统的暗管埋设深度、间距和管孔透水强度均较大。灌溉时，通过沟渠和田间暗管，抬高地下水位，利用土壤毛细管作用进行浸润灌溉；多雨时通过暗管和沟渠将田间多余水分排走，并降低田间地下水位。这种设施在美国东南滨海平原地区已有十余年的运行历史，我国江苏地区及上海市近年来也在试用。

92. 根系分区交替灌溉是什么？

根系分区交替灌溉是在植物某些生育期或全部生育期交替对部分根区进行正常灌溉，其余根区则受到人为水分胁迫的灌溉方式，以刺激根系发挥吸收补偿功能，调节气孔保持最适开度，达到以不牺牲光合产物积累、减少奢侈蒸腾而节水、高产、优质的目的。中国农业科学院果树研究所浆果类果树栽培与生理科研团队试验结果表明，根系分区交替灌溉可以有效控制营养生长，使修剪量下降，显著降低用工量；同时，显著改善果实品质。该灌溉方法与覆盖栽培、滴灌或微喷灌相结合效果更佳。从降低设施葡萄促早栽培空气湿度和提高水分利用效率考虑，本书建议采用地膜覆盖、膜下灌溉的方法。

93. 在设施葡萄生产中如何排水？

葡萄在降水量大的地区，如土壤水分过多，会引起枝蔓徒长，延迟果实成熟，降低果实品质，严重的会造成根系缺氧，抑制呼吸，引起植株死亡。因此，在设计果园时应安排好果园排水系统。排水沟设计应与道路建设、防风林设计等相结合，一般在主干路的一侧，与园外的总排水干渠相连接，在小区的作业道一侧设有排水支渠；如果条件允许，排水沟以暗沟为好，可方便田间作业，但在雨季应及时打开排水口，及时排水。

94. 水肥一体化的概念是什么？

葡萄水肥一体化技术指将灌溉与施肥融为一体的农业新技术，水肥一体化并非简单的灌溉＋施肥，而是按土壤养分含量、葡萄品种的需水需肥规律和特点、不同生长期的需水需肥规律情况，通过可控管道系统供水、供肥，水肥相融后，通过管道和滴头均匀定时定量浸润葡萄根系生长区域，使根系集中分布区域的土壤始终保持疏松和适宜的含水量，把水分、养分定时定量、按比例直接提供给葡萄树体。故对水肥一体化有一种较为贴切的表述，那就是"灌溉与施肥于作物根区而非土壤"。

95. 水肥一体化的优点有哪些？

（1）水肥均衡，提高水肥利用率，增加产量，改善果实品质。传统的灌溉、施肥方式，葡萄"饿"几天再"撑"几天，不能均匀地"吃喝"。而采用水肥一体化的肥水管理方法，可以根据葡萄需水需肥规律随时供给，直接把作物所需要的肥料随水均匀地输送到植株的根部，作物"细酌慢饮"，保证作物"吃得舒服，喝得痛快"，大幅度地提高了肥料和水分的利用率，同时杜绝了缺素问题的发生，因此，在生产上可达到增加葡萄产量和改善葡萄果实品质的目标。此外，水肥一体化可使葡萄园的水分均衡、按需供给，不至于过干过涝，有效解决葡萄裂果的问题。

（2）**有效避免土壤理化性状变劣的问题。**传统大水漫灌，对葡萄园土壤造成冲刷、压实和侵蚀，若不及时中耕松土，会导致严重板结、通气性下降，土壤结构会遭到一定程度破坏。要恢复被破坏的土壤结构，需要一个漫长的过程。采用水肥一体化技术，微量灌溉，水分缓慢均匀地渗入土壤，对土壤结构能起到保护作用，并形成适宜的土壤水、肥、热环境。

（3）**省工省时，有效降低综合用工成本。**传统灌溉和施肥费工费时，需要开沟、施肥、覆土和灌水等一系列操作；而水肥一体化不需开沟和覆土等操作，有效减少了用工成本。

（4）**控温调湿，减轻病害。**传统沟灌或大水漫灌，一方面会造成土壤板结、通透性差、地温降低，影响葡萄根系生长发育甚至发生沤根现象；另一方面会造成土壤病菌随水传播，增大空气湿度，加重病害发生。采用水肥一体化技术则可有效避免上述问题。

96 水肥一体化技术有哪些注意事项？

（1）**必须有适合灌溉的清洁水源。**若遇干旱造成水源不便，可以自建储水池。

（2）**必须建立一套管道灌溉施肥系统。**根据地形、田块、单元、土壤质地、作物种植方式、水源特点等基本情况，设计管道系统的埋设深度、长度、灌区面积等。水肥一体化的灌水方式可采用普通管道灌溉、喷灌、微喷灌、泵加压滴灌、重力滴灌、渗灌、小管出流灌溉等，忌用大水漫灌，这容易造成肥料损失，同时也降低水分利用率。

（3）**肥料的纯度和可溶性好。**可选液态或固态肥料，如氨水、尿素、磷酸一铵、磷酸二铵、氯化钾、硫酸钾、硝酸钾、硝酸钙、硫酸镁等肥料；固态以粉状或小块状为首选，要求水溶性强，含杂质少，一般不用颗粒状复合肥；如果用沼液或腐殖酸液肥，则必须经过过滤，以免堵塞管道。

（4）**灌溉施肥操作规范。**①肥料的溶解与混匀。施用液态肥料时不需要搅动或混合，但施用固态肥料时一般需要与水混合搅拌成液肥，必要时分离，避免出现沉淀等问题。②施肥量控制。施肥时要掌握剂量，注入肥液的适宜浓度大约为灌溉流量的0.1%。例如灌溉流量为 50 米³/亩，注入肥液大约为 50 升/亩；过量施用可能会导致作物死亡以及环境污染。③灌溉施肥的程序。第一阶段，选用不含肥的水湿润灌溉系统；第二阶段，用肥料溶液进行灌溉；第三阶段，用不含肥的水清洗灌溉系统。

六　设施葡萄的无土栽培

97. 什么是葡萄的无土栽培？

无土栽培（soilless culture）是近代发展起来的一种葡萄栽培新技术，葡萄不是栽培在土壤中，而是栽培在溶解有矿物质的水溶液中，或栽培在某种基质（珍珠岩、蛭石、草炭、椰糠等）中，以营养液灌溉提供葡萄养分和水分需求。由于不使用天然土壤，而用营养液浇灌来栽培葡萄，故被称为无土栽培。2010年，中国农业科学院果树研究所在国内首先开展了葡萄无土栽培技术的研究，于2016年获得成功。经过多年科研攻关，在对葡萄矿质营养年吸收运转需求规律研究的基础上，研发出配套无土栽培设备，筛选出设施葡萄无土栽培适宜品种（以87-1和京蜜较适宜，其次是夏黑和金手指）和砧木（以华葡1号效果最佳），研制出无土栽培营养液，制定出葡萄无土栽培技术规程，奠定中国在葡萄无土栽培方面的国际领先地位。

98. 无土栽培主要有哪些优点？

无土栽培可人工创造良好的根际环境以取代土壤环境，有效防止了土壤连作病害及土壤盐分积累造成的生理障碍，而且可实现非耕地（如戈壁、沙漠、盐碱地等）的高效利用，满足阳台、楼顶等都市农业的发展需求；同时，根据作物不同生育阶段对各矿质养分的不同需求更换营养液配方，使营养供给充分满足作物对矿质营养、水分、气体等环境条件的需要，栽培用的基本材料还可以循环利用，因此，具有节水、省肥、环保、高效、优质等优点。

99. 葡萄无土栽培的栽培基质主要有哪几种？

（1）**按基质来源，分为天然基质和人工合成基质。** 其中，天然基质主要有沙、石砾、河沙等，成本低，在我国广泛使用；人工合成基质主要有岩棉、泡沫塑料和多孔陶粒等，一般成本要高于天然基质。

（2）**按基质成分，分为无机基质与有机基质。** 其中，无机基质以无机物组成，不易被微生物分解，使用年限较长，但有些无机基质大量积累易造成环境污染，主要有沙、石砾、岩棉、珍珠岩和蛭石等；有机基质以有机残体组成，易被微生物分解，不易对环境造成污染，主要有树皮、蔗渣、椰糠和稻渣等。

（3）**按基质性质，分为惰性基质和活性基质。** 其中，惰性基质本身无养分供应或不具有阳离子代换量，主要有沙，石砾和岩棉等；活性基质具阳离子代换量，本身能供给植物养分，主要有泥炭和蛭石等。

（4）**按使用时组分，分为单一基质和复合基质。** 以一种基质作为生长介质的，如沙培，砾培，岩棉培等都属于单一基质；复合基质是由两种或两种以上的基质按一定比例混合制成的基质，复合基质可以克服单一基质过轻、过重或通气不良的缺点。

100. 葡萄无土栽培中理想的栽培基质主要有哪些特点？

评价基质性能优劣的理化指标主要有容重、孔隙度、大小孔隙比、粒径大小、pH、电导率（EC）、阳离子交换量（CEC）、C/N 比、化学组成及稳定性、缓冲能力等。理想的基质应具备如下条件：具有一定弹性，既能固定作物又不妨碍根系伸展；结构稳定，不易变形、变质，便于重复使用时消毒处理；本身不携带病虫草害；本身是一种良好的土壤改良剂，不会污染土壤；绝热性能好；日常管理方便；不受地区性资源限制，便于工厂化、批量化生产；经济性好，成本低。

101. 无土栽培有哪些常用基质？

（1）**岩棉。**是 60％辉绿石、20％的石灰石和 20％的焦炭混合物在 1 600℃下熔融，然后高速离心成的直径 0.005 毫米的硬质纤维，具有良好的水汽比例，一般为 2：1，持水力和通气性均较好，总孔隙度可达 96％左右，是一种性能优越的无土栽培基质。岩棉经高温制成而无菌，且属惰性基质，不易被分解，不含有机物；岩棉容重小，搬运方便。但由于加工成本高，价格较贵，难以全面推广应用；加之岩棉不易被分解、腐烂，大量积聚的废岩棉会造成环境污染，因此，岩棉的再利用有待进一步研究。

（2）**泥炭。**又称草炭、草煤、泥煤，由植物在水淹、缺氧、低温、泥沙掺入等条件下未能充分分解而堆积形成，是煤化程度最浅的煤，由未完全分解的植物残体、矿物质和腐殖质等组成。具有吸水量大、养分保存和缓冲能力强、通气性差、强酸性等特点，根据形成条件、植物种类及分解程度分为高位泥炭、中位泥炭和低位泥炭三大类，是无土栽培常用的基质。泥炭不太适宜直接用于无土栽培用基质，多与一些通气性能良好的栽培基质混合或分层使用，常与珍珠岩、蛭石、沙等配合使用。泥炭和蛭石特别适宜无土栽培经验不足的使用者使用，其稳定的环境条件会使栽培者获得良好的使用效果。

（3）蛭石。蛭石是很好的无土栽培基质，由云母类无机物加热至800～1 000℃形成的一种片状、多孔、海绵状物质，容重很小，运输方便，含较多的钙、镁、钾、铁，可被作物吸收利用。具有吸水性强、保水保肥能力强、透气性良好等特点。在运输、种植过程中其不能受重压且不宜长期使用，否则，孔隙度减少，排水、透气能力降低。一般使用1～2次后，可以作为肥料施用到大田中。

（4）珍珠岩。是由灰色火山岩（铝硅酸盐）颗粒在1 000℃下膨胀而成。珍珠岩具有透气性好、含水量适中、化学性质稳定、质轻等特点，可单独用作无土栽培基质，也可和泥炭、蛭石等混合使用。浇水过猛、淋水较多时其易漂浮，不利于固定根系。

（5）炉渣。指煤燃烧后的残渣，在有锅炉的地方几乎均可见到，取材方便，成本低、来源广、透气性好，适宜用作无土栽培基质。炉渣含有一定的营养物质，内含多种微量元素，呈偏酸性。

（6）沙。是最早和最常用的无土栽培基质，尤以河沙为好，取材方便，成本低，但运输成本高。沙作无土栽培基质的特点有：含水量衡定、透气性好、很少传染病虫害、能提供一定量钾肥。生产上使用粒径在0.5～3毫米的沙子作基质可取得较好的栽培效果，如果沙的厚度在30厘米以上，则粒径在1毫米以下的沙比重应尽量少，以免影响根系通气性。沙的缺点是不保水、不保肥。沙的pH近中性，受地下水pH的影响亦可偏酸或偏碱性。

（7）砾石。直径较大，持水力很差，但通气性很好，适宜放在栽培基质的最底层，便于作物根系通气和排出过剩营养液。砾石一般不单独使用，多放在底层，并进行纱网隔离，上层放较粒径较小的其他基质。

（8）椰糠与锯末。椰糠理化性状适宜，在我国海南等地资源丰富，是理想的合成有机栽培基质材料。锯末是一种便宜的无土栽培基质，具有轻便、吸水、透气等特点；但在北方干燥地区，由于锯末的通透性过强，植株根系容易风干，造成整株死亡，因此，最好掺入一些泥炭配成混合基质；同时，以阔叶树锯末为好，注意有些树种的化学成分有害。

（9）陶粒。在约800℃下烧制而成，赤色或粉红色。陶粒内部结构松、孔隙多，类似蜂窝状，质地轻，具有保水透气性能良好、保肥能力适中、化学性质稳定、安全卫生等特点，是一种良好的无土栽培基质。

（10）复合基质。由两种或几种基质按一定比例混合而成，应用效果较好的复合基质配方主要有以下几种。①无机复合基质：陶粒：珍珠岩＝2：1，蛭石：珍珠岩＝1：1，炉渣：沙＝1：1；②有机无机复合基质：草炭：蛭石＝1：1，草炭：珍珠岩＝1：1，草炭：炉渣＝1：1，椰糠：珍珠岩＝1：1，草炭：锯末＝1：1，草炭：蛭石：锯末＝1：1：1，草炭：蛭石：珍珠岩＝（1～2）：1：1，草炭：沙：珍珠岩＝1：1：1。

此外，树皮、甘蔗渣、稻壳、秸秆和生物炭等均可用作无土栽培基质。值得注意的是，不同粒径、不同厚度的同一种基质的理化性状会有明显差异，作物根系环境也会不同，栽培管理上应根据基质的实际特性进行相应的管理，机械照搬某项技术可能导致作物生长不良。不同基质按不同的比例混合后会产生差异很大的混合基质，生产上应根据当地资源合理搭配混合基质，以获得最佳的栽培效果。没有差的基质，只有不配套的管理技术，任何一种基质只要充分认识到它的理化特性，并采用合理的配套管理技术，特别是养分和水分管理技术，均会取得满意的结果。

102. 无土栽培有哪些经典营养液？

（1）霍格兰氏水培营养液。霍格兰氏水培营养液配方是

1933 年 Hoagland 与他的研究伙伴经过大量的对比实验后发表的，这是最原始但到现在依然还在沿用的一种经典配方（表 6、表 7）。

表 6　霍格兰氏水培营养液配方

成分	浓度	成分	浓度	成分	浓度
四水硝酸钙	945 毫克/升	硝酸钾	607 毫克/升	磷酸铵	115 毫克/升
七水硫酸镁	493 毫克/升	铁盐溶液	2.5 毫升/升	微量元素	5 毫升/升

表 7　霍格兰氏水培营养液微量元素配方

成分	浓度	成分	浓度	成分	浓度
碘化钾	0.83 毫升/升	硼酸	6.2 毫升/升	硫酸锰	22.3 毫升/升
硫酸锌	8.6 毫升/升	钼酸钠	0.25 毫升/升	硫酸铜	0.025 毫升/升
氯化钴	0.025 毫升/升				

（2）**斯泰纳水培营养液。**斯泰纳水培营养液通过营养元素之间的化学平衡性来最终确定配方中各种营养元素的比例和浓度，在国际上使用较多，适用于一般作物的无土栽培（表 8）。

表 8　斯泰纳水培营养液配方

成分	浓度	成分	浓度	成分	浓度
四水硝酸钙	738 毫克/升	硝酸钾	303 毫克/升	磷酸二氢铵	136 毫克/升
七水硫酸镁	261 毫克/升	乙二胺四乙酸二钠铁	10 毫克/升	四水硫酸锰	2.50 毫克/升
硼酸	2.50 毫克/升	七水硫酸锌	0.50 毫克/升	五水硫酸铜	0.08 毫克/升
钼酸铵	0.12 毫克/升				

（3）**日本园试通用营养液。**日本园试通用营养液由日本兴津

园艺试验场开发提出，适用于多种蔬菜作物，因此，称之为通用配方（表9）。

表9　日本园试通用营养液

成分	浓度	成分	浓度	成分	浓度
四水硝酸钙	945 毫克/升	硝酸钾	809 毫克/升	磷酸二氢铵	153 毫克/升
七水硫酸镁	493 毫克/升	七水硫酸亚铁 二水乙二胺四乙酸二钠 或三水乙二胺四乙酸铁钠	13.2 毫克/升 17.6 毫克/升 20 毫克/升	四水硫酸锰	2.13 毫克/升
硼酸	2.86 毫克/升	七水硫酸锌	0.22 毫克/升	五水硫酸铜	0.08 毫克/升
二水钼酸钠	0.02 毫克/升				

（4）日本山崎水培营养液。日本山崎水培营养液配方是1966—1976年，山崎肯哉在测定各种蔬菜作物的营养元素吸收浓度的基础上，配成的适合多种不同作物的水培营养液配方（表10至表13）。

表10　日本山崎水培营养液配方（草莓）

成分	浓度	成分	浓度	成分	浓度
四水硝酸钙	236 毫克/升	硝酸钾	303 毫克/升	磷酸二氢铵	57 毫克/升
七水硫酸镁	123 毫克/升	七水硫酸亚铁 二水乙二胺四乙酸二钠 或三水乙二胺四乙酸铁钠	37.2 毫克/升 27.8 毫克/升 20~40 毫克/升	四水硫酸锰	2.13 毫克/升
硼酸	2.86 毫克/升	七水硫酸锌	0.22 毫克/升	五水硫酸铜	0.08 毫克/升

（续）

成分	浓度	成分	浓度	成分	浓度
二水钼酸钠	0.02毫克/升				

表11 日本山崎水培营养液配方（黄瓜）

成分	浓度	成分	浓度	成分	浓度
四水硝酸钙	826毫克/升	硝酸钾	607毫克/升	磷酸二氢铵	115毫克/升
七水硫酸镁	483毫克/升	七水硫酸亚铁	37.2毫克/升		
		二水乙二胺四乙酸二钠或三水乙二胺四乙酸铁钠	27.8毫克/升 20~40毫克/升	四水硫酸锰	2.13毫克/升
硼酸	2.86毫克/升	七水硫酸锌	0.22毫克/升	五水硫酸铜	0.08毫克/升
二水钼酸钠	0.02毫克/升				

表12 日本山崎水培营养液配方（番茄）

成分	浓度	成分	浓度	成分	浓度
四水硝酸钙	354毫克/升	硝酸钾	404毫克/升	磷酸二氢铵	77毫克/升
七水硫酸镁	246毫克/升	七水硫酸亚铁	37.2毫克/升		
		二水乙二胺四乙酸二钠或三水乙二胺四乙酸铁钠	27.8毫克/升 20~40毫克/升	四水硫酸锰	2.13毫克/升
硼酸	2.86毫克/升	七水硫酸锌	0.22毫克/升	五水硫酸铜	0.08毫克/升
二水钼酸钠	0.02毫克/升				

表 13　日本山崎水培营养液配方（甜瓜）

成分	浓度	成分	浓度	成分	浓度
四水硝酸钙	826 毫克/升	硝酸钾	607 毫克/升	磷酸二氢铵	153 毫克/升
七水硫酸镁	370 毫克/升	七水硫酸亚铁	37.2 毫克/升		
		二水乙二胺四乙酸二钠	27.8 毫克/升	四水硫酸锰	2.13 毫克/升
		或三水乙二胺四乙酸铁钠	20~40 毫克/升		
硼酸	2.86 毫克/升	七水硫酸锌	0.22 毫克/升	五水硫酸铜	0.08 毫克/升
二水钼酸钠	0.02 毫克/升				

103. 如何配制中国农业科学院果树研究所研发的设施葡萄无土栽培专用营养液？

中国农业科学院果树研究所在对葡萄矿质营养年吸收运转需求规律研究的基础上，综合考虑化合物的水溶性和有效性，尤其针对二价铁离子的氧化问题，研制出设施葡萄无土栽培营养液，并经多年验证，取得了良好效果，在辽宁、新疆、山东、北京等全国各地进行了示范推广。无土栽培营养液分为幼树营养液和结果树营养液两种，幼树营养液包括 1 号和 2 号 2 种配方，结果树营养液包括 1 号至 5 号 5 种配方，每种配方均分为 A、B、C 3 个组分，A、B、C 3 个组分均需单独溶解，充分溶解后混匀，切记不能直接混合溶解，否则会出现沉淀，影响肥效。具体配置方法如下：先将 A 溶解后加入贮液池或贮液桶，使 A 与水充分混匀；然后将 B 溶解稀释后加入贮液池或贮液桶，使 B 与 A 溶液充分混匀；最后将 C 溶解加入贮液池或贮液桶，使 C 与 A、B 溶液混匀备用。不同葡萄品种的浓度使用需求不同，以每份营养液溶解用水为例，87 - 1 和京蜜需用水 150 升溶解，夏黑和金手指需用水 75 升溶解。另外，在配制营养液时，首先用硝酸或氢氧化钠将水的 pH 调至 6.5～7.0 为宜。

104. 如何使用设施葡萄无土栽培专用营养液？

(1) 幼树-槽式无土栽培。①育壮期（辽宁兴城萌芽到 7 月底）。定植后开始，前期育壮，用幼树 1 号营养液。萌芽前及初期每 30 天更换 1 次营养液，新梢开始生长每 20 天更换 1 次营养液，一般共更换 5 次营养液。萌芽前 3～5 天循环 1 次营养液，萌芽后 1～3 天循环 1 次营养液。②促花期（辽宁兴城 8 月初到落叶）。促花期开始用幼树 2 号营养液，每 20 天更换 1 次营养液，一般共更换 4 次营养液，每 3～5 天循环 1 次营养液；从落叶期开始，不再更换营养液，每 5～7 天循环 1 次营养液，切忌设施内营养液温度低于 0℃从而结冰。

(2) 结果树-槽式无土栽培。①一年一收栽培模式。萌芽前至花前：结果树 1 号营养液一般更换 2 次，萌芽前及萌芽初期每 3 天循环 1 次营养液，新梢开始生长至花前每 3～5 天循环 1 次营养液。花期：结果树 2 号营养液一般配制 1 次，每 3～5 天循环 1 次营养液。幼果发育期：结果树 3 号营养液一般更换 3 次，每 1～3 天循环 1 次营养液。果实转色至成熟采收：结果树 4 号营养液一般配制 1 次，如此时期超过 20 天，需再更换 1 次 4 号营养液，一般每 3～5 天循环 1 次营养液，但对于易裂果品种如京蜜需每 1～2 天循环 1 次营养液，采收前 5 天停止循环营养液。果实采收后至落叶：结果树 5 号营养液一般更换 4 次，每 5～7 天循环 1 次。②一年两收栽培模式。前期（升温至果实采收结束）使用同一年一收栽培模式的使用方法；后期二次果生产，即果实采收后 1 周留 6 个饱满冬芽修剪（剪口芽叶片和所有节位副梢去除，剪口芽涂抹 4 倍中国农业科学院果树研究所研发的破眠剂 1 号），开始二次果生产。萌芽前至花前：结果树 1 号营养液一般配制 1 次，萌芽前及萌芽初期每 3 天循环 1 次营养液，新梢开始生长至花前每 3～5 天循环 1 次营养液。花期：结果树 2 号营养液一般配制 1 次，每 3～5 天循环 1 次营养液。幼果发育期：结果树 3 号营养液一般更换 3 次，每 1～3 天循环 1 次营养液。果实转色至成熟采收：结果树 4 号营养液一般配制 1 次，如此时期超过 20 天，需再更换 1 次 4 号营养液，每 3～5 天循环 1 次营养液，但对于易裂果品种如京蜜需每 1～2 天循环 1 次营养液，采收前 5 天停止循环营养液。果实采收后至落叶：结果树 5 号营养液一般更换 1～2 次，每 5～7 天循环 1 次。

(3) 盆栽无土栽培。 营养液配制与上述幼树和结果树营养液使用相同，只是营养液循环次数改为 1 天 1～3 次。

(4) 注意事项。 温度高、水分蒸腾快时，酌情缩短营养液循环间隔时间，在营养液使用期内若发现水分损失过快，需适当添加水分，防止营养液浓度过高出现肥害。而且，上述循环间隔时间是以珍珠岩为栽培基质时提出的，如果栽培基质更换为其他基质，则需根据实际情况调整。

七 设施葡萄的环境调控

105. 在设施葡萄生产中，为什么必须采取措施以改善设施内的光照条件？

葡萄是喜光植物，对光的反应很敏感。光照充足时，枝叶生长健壮，树体的生理活动增强，营养状况改善，果实产量和品质提高，色香味得以增进；光照不足时，枝条变细，节间增长，表现徒长，叶片变黄、变薄，光合效率低，果实着色差，或不着色，品质变劣（彩图27）。中国农业科学院果树研究所研究表明，光照强度弱，光照时间短，光照分布不均匀，蓝光、紫光和紫外光等短波光线比例低，是设施葡萄光环境的典型特点，必须采取措施以改善设施内的光照条件。

106. 在设施葡萄生产中，气温调控的标准是怎样的？

(1) 休眠解除期。休眠解除期的温度调控适宜与否和休眠解除日期的早晚密切相关，如温度调控适宜则休眠解除日期提前；如温度调控欠妥则休眠解除日期延后。调控标准为尽量使温度控制在0～9℃。从扣棚降温开始到休眠解除所需的时间因葡萄品种差异很大，一般为25～60天。

(2) 催芽期。催芽期升温快慢与葡萄花序发育和开花坐果情况的好坏等密切相关，升温过快，导致气温和地温不能协调一致，严重影响葡萄花序发育及开花坐果。调控标准为缓慢升温，使气温和地温协调一致。第一周白天气温 15～20℃，夜间气温 5～10℃；第二周白天气温 15～20℃，夜间气温 7～10℃；第三周至萌芽白天气温 20～25℃，夜间气温 10～15℃。从升温至萌芽一般控制在 25～30 天。但如果没有满足设施葡萄的需冷量（破眠剂处理时还没有满足品种需冷量的 2/3）就开始升温，为避免由于需冷量不足造成萌芽不整齐问题的发生，则需将温度调高，增加有效热量累积，一般情况下白天气温控制在 30～35℃，待 60%～80%冬芽萌发后再将温度调至正常，即白天气温控制在 20～25℃，夜间气温 10～15℃。

(3) 新梢生长期。日平均温度与葡萄开花时期及花器发育、花粉萌发和授粉受精及坐果等密切相关。调控标准为白天气温 20～25℃，夜间气温 10～15℃，不低于 10℃。从萌芽到开花一般需 40～60 天。

(4) 花期。气温低于 14℃时影响开花，引起授粉受精不良，子房大量脱落；35℃以上的持续高温会产生严重日灼。此期温度管理首先应避免夜间低温，其次还要注意避免白天高温。调控标准为白天气温 22～26℃，夜间气温 15～20℃，不低于 14℃。花期一般维持 7～15 天，且欧亚种设施葡萄花期耐高温能力强于欧美杂种设施葡萄。

(5) 浆果发育期。温度不宜低于 20℃，积温因素对浆果发育速率影响最为显著，如果热量累积缓慢，浆果糖分累积及成熟过程变慢，则果实采收期推迟。调控标准为白天气温 25～28℃，夜间气温 20～22℃，不宜低于 20℃。

(6) 着色成熟期。适宜温度为 28～32℃，低于 14℃时果实不能正常成熟；昼夜温差对养分积累有很大影响，温差大时，浆果含糖量高，品质好，温差大于 10℃以上时，浆果含糖量显著提高。此期调控标准为白天气温 28～32℃，夜间气温 14～16℃，不低于 14℃，昼夜温差 10℃以上。

107. **在设施葡萄生产中，为什么必须提高地温？**

设施内的地温调控技术主要是指提高地温技术，使地温和气温协调一致。葡萄设施栽培，尤其是早熟促成栽培中，设施内地温上升慢，气温上升快，地温、气温不协调，造成植株发芽迟缓，花期延长，花序发育不良，严重影响葡萄坐果率和果粒的第一次膨大生长。另外，地温变幅大会严重影响根系的活动和功能发挥。

108. **在设施葡萄生产中，空气湿度过高有哪些危害？**

设施空气湿度也是影响葡萄生育的重要因素之一。相对湿度过高，会使葡萄的蒸腾作用受到抑制，并且不利于根系对矿质营养的吸收和体内养分的输送。持续的高湿度环境易使葡萄徒长，影响开花结实，并且引发多种病害；同时使棚膜上凝结大量水滴，造成光照强度下降。而相对湿度持续过低不仅影响葡萄的授粉受精，而且影响葡萄的产量和品质。设施栽培由于避开了自然雨水，为人工调控土壤及空气湿度创造了方便条件。

109. **在设施葡萄生产中，空气湿度和土壤水分的调控标准是怎样的？**

(1) 催芽期。 土壤水分和空气湿度不足，不仅导致葡萄萌芽延迟，还会导致花器发育不良，小型花和畸形花增多；而土壤水分充足和空气湿度适宜，葡萄萌芽整齐一致，小型花和畸形花减少，花粉活力提高。调控标准为空气相对湿度 90%以上，土壤相对湿度 70％～80％。

（2）**新梢生长期。**土壤水分和空气湿度不足，严重影响葡萄新梢正常生长，同时影响花序发育；而土壤水分充足和空气湿度过高，则葡萄新梢生长过旺，并且容易诱发多种病害。调控标准为空气相对湿度 60％左右，土壤相对湿度 70％左右。

（3）**花期。**土壤和空气湿度过高或过低均不利于开花坐果。土壤湿度过高，新梢生长过旺，往往会造成葡萄营养生长与生殖生长的养分竞争，不利于花芽分化和开花坐果，导致坐果率下降，同时树体郁闭，容易导致病害蔓延；土壤湿度过低，新梢生长缓慢或停止，光合作用速率下降，严重影响授粉受精和坐果。空气湿度过高，导致花药开裂慢、花粉散不出去、花粉破裂和病害蔓延；空气湿度过低，柱头易干燥，有效授粉寿命缩短，进而影响授粉受精和坐果。调控标准为空气相对湿度 50％左右，土壤相对湿度 65％左右。

（4）**浆果发育期。**浆果的生长发育与水分的关系也十分密切。在浆果快速生长期，充足的水分供应可促进果实的细胞分裂和膨大，有利于产量的提高。调控标准为空气相对湿度 60％～70％，土壤相对湿度 70％左右。

（5）**着色成熟期。**过量的水分供应往往会导致浆果的晚熟、糖分积累缓慢、含酸量高、着色不良，造成果实品质下降，因此，在浆果成熟期适当控制水分的供应，可促进浆果成熟和品质提高；但控水过度也可使糖度下降并影响果粒增大，而且控水越重，浆果越小，最终导致减产。调控标准为空气相对湿度 50％～60％，土壤相对湿度 55％～65％。

110. 在设施葡萄生产中，为什么要进行二氧化碳（CO_2）施肥？

设施生产下，由于保温需要，常使葡萄处于密闭环境，通风换气受到限制，造成设施内 CO_2 浓度过低，影响光合作用。研究表明，当设施内 CO_2 浓度达室外浓度（340 微克/克）的 3 倍时，植物光合速率可提高 2 倍以上，而且在弱光条件下效果更明显。而天气晴朗时，从上午 9 时开始，设施内 CO_2 浓度明显低于设施外，葡萄处于 CO_2 饥饿状态，因此，CO_2 施肥技术对于葡萄设施栽培非常重要。

111. 在设施葡萄生产中，如何改善设施内的光照条件？

（1）**从设施本身考虑，提高透光率。** 建造方位适宜、采光结构合理的设施，同时，尽量减少遮光骨架材料，采用透光性能好、透光率衰减速度慢的透明覆盖材料（醋酸乙烯－乙烯共聚棚膜 EVA 和 PO 棚膜综合性能最佳），并经常清扫（彩图 28）。

（2）**从环境调控考虑，延长光照时间，增加光照强度，改善光质。** 正确揭盖草苫和保温被等保温覆盖材料并使用卷帘机等机械设备以尽量延长光照时间；挂铺反光膜或将墙体涂为白色（冬季寒冷的东北、西北等地区考虑到保温要求墙体需涂黑）以增加散射光；人工补光以增加光照强度并改善光质（中国农业科学院果树研究所研究表明，在设施葡萄促早栽培中，蓝光显著促进果实成熟并提高果实含糖量，紫外光显著增大果粒并使香气更加浓郁，红蓝光对改善果实品质效果不明显）；覆盖转光棚膜改善光质等措施可有效改善设施内的光照条件（彩图 29）。

（3）**从栽培技术考虑，改善光照。** 植株定植时采用采光效果良好的行向；合理密植，并采用高光效树形和叶幕形；采用高效肥水利用技术，提高叶片质量，增强叶片光合效能；合理恰当的修剪可显著改善植株光照条件，提高植株光合效能。

112. **在设施葡萄生产中，如何调控气温？**

(1) 保温技术。优化棚室结构，强化棚室保温设计，日光温室方位南偏西5°～10°；墙体采用异质复合墙体；内墙采用蓄热载热能力强的建材，如石头和红砖等，并可采取穿形结构或蜂窝墙体增加内墙面积以增加蓄热面积，同时将内墙涂为黑色以增加墙体的吸热能力；中间层采用保温能力强的建材如泡沫塑料板；外墙为砖墙或采用土墙等。选用保温性能良好的保温覆盖材料并正确揭盖、多层覆盖；挖防寒沟；人工加温（彩图30）。

(2) 降温技术。通风降温，注意通风降温顺序为先放顶风，再放底风，最后打开北墙通风窗/孔进行降温；喷水降温，注意喷水降温必须结合通风降温，防止空气湿度过大；遮阴降温，这种降温技术只能在催芽期使用。

113. **在设施葡萄生产中，如何调控地温？**

（1）起垄栽培结合地膜覆盖，该措施切实有效。

（2）建造地下火炕或地热管和地热线，该项措施对于提高地温最为有效，但成本过高，目前在我国很少应用。

（3）合理控温，在人工集中预冷过程中合理控温，防止地温低于0℃。

（4）生物增温器，利用生物反应堆的秸秆发酵，释放热量提高地温。

（5）挖防寒沟，防止温室内土壤热量传导到温室外。

（6）将温室建造为半地下式。

114. **在设施葡萄生产中，如何调控空气湿度和土壤湿度？**

（1）**降低空气湿度。**①通风换气。是经济有效的降湿措施，尤其是室外湿度较低的情况下，通风换气可以有效排除室内的水汽，使室内空气湿度显著降低。②全园覆盖地膜。土壤表面覆盖地膜可显著减少土壤表面的水分蒸发，有效降低室内空气湿度（彩图31）。③改革灌溉制度。改传统漫灌为膜下滴/微灌或膜下灌溉，可有效减少土壤表面的水分蒸发（彩图31）。④升温降湿。冬季结合采暖需要进行室内加温，可有效降低室内相对湿度。⑤防止塑料薄膜等透明覆盖材料结露。为避免结露，应采用无滴消雾膜或在透明覆盖材料内侧定期喷涂防滴剂，同时在构造上，需保证透明覆盖材料内侧的凝结水能够有序流到前底角处。⑥行间覆盖秸秆。秸秆可以在设施内湿度高时吸收空气中的水分，保持设施内湿度相对稳定，减少病害发生。

（2）**增加空气湿度。**可采取喷水增湿。

（3）**调控土壤湿度。**主要通过控制浇水的次数和每次灌水量来解决。

115. **在设施葡萄生产中，如何进行二氧化碳施肥？**

（1）**增施有机肥。**在我国目前条件下，补充 CO_2 比较现实的方法是土壤中增施有机肥，增施有机肥同时还可改良土壤、培肥地力。

（2）**施用固体 CO_2 气肥**（彩图32a）。由于对土壤和使用方法要求较严格，该法目前应用较少。

(3) 燃烧法（彩图 32b）。通过燃烧煤、焦炭、液化气或天然气等产生 CO_2，但该法使用不当容易造成一氧化碳中毒。

(4) 干冰或液态 CO_2。 该法使用简便，便于控制，费用也较低，适合附近有 CO_2 副产品供应的地区使用。

(5) 合理通风换气。 在通风降温的同时，使设施内外 CO_2 浓度达到平衡。

(6) 化学反应法（彩图 32c）。利用化学反应法产生 CO_2，操作简单，价格较低，适合广大农村，易于推广。目前应用的方法有盐酸-石灰石法、硝酸-石灰石法和碳铵-硫酸法。其中，碳铵-硫酸法成本低、易掌握，在产生 CO_2 的同时，还能将不宜在设施中直接施用的碳铵转化为比较稳定的、可直接用作追肥的硫酸铵，是现在应用较广的一种方法，但使用硫酸等具有一定危险性。

(7) CO_2 生物发生器法。 利用生物菌剂促进秸秆发酵释放 CO_2，提高设施内的 CO_2 浓度。该方法简单有效，不仅释放 CO_2，而且增加土壤有机质含量，提高地温。具体操作如下：在行间开挖宽 30~50 厘米、深 30~50 厘米、长度与树行长度相同的沟槽，然后将玉米秸、麦秸或杂草等填入，同时喷洒促进秸秆发酵的生物菌剂，最后在秸秆上面填埋 10 厘米厚的园土，园土填埋时注意两头及中间每隔 2~3 米留置 1 个宽 20 厘米左右的通气孔，以便为生物菌剂提供氧气通道，促进秸秆发酵发热，园土填埋完后，从两头通气孔浇透水。

(8) CO_2 施肥注意事项。 于叶幕形成后开始进行 CO_2 施肥，一直到棚膜揭除后为止。一般在天气晴朗、温度适宜时，于上午日出 1~2 小时后开始施用，每天至少保证连续施用 2~4 小时以上，全天施用或单独上午施用，并应在通风换气之前 30 分钟停止施用较为经济；阴雨天不能施用；施用浓度以 700~1 000 微升/升以上为宜。

116. 在设施葡萄生产中，氨气的来源、毒害浓度和症状是怎样的？如何进行氨气积累的判断、减轻或避免？

（1）**氨气来源。**①施入未经腐熟的有机肥。这是葡萄栽培设施内氨气的主要来源，主要包括鲜鸡禽粪、鲜猪粪、鲜马粪和未发酵的饼肥等；这些未经腐熟的有机肥经高温发酵后产生大量氨气，由于栽培设施相对密闭，氨气逐渐积累。②施肥不当。大量施入碳酸氢铵化肥，也会产生氨气。

（2）**氨气毒害浓度和症状。**①毒害浓度。当浓度达 5～10 毫克/升时，氨气就会对葡萄产生毒害作用。②毒害症状。氨气首先危害葡萄的幼嫩组织，如花、幼果和幼叶等，氨气从气孔侵入，受毒害的组织先变褐色，后变白色，严重时枯死萎蔫。

（3）**氨气积累的判断。**检测设施内是否有氨气积累可采用 pH 试纸法。具体操作：在日出之前（放风前）把塑料棚膜等透明覆盖材料上的水珠滴加在 pH 试纸上，呈碱性反应就说明有氨气积累。

（4）**减轻或避免氨气积累的方法。**设施内施用充分腐熟的有机肥，禁用未腐熟的有机肥；禁用碳酸氢铵化肥；在温度允许的情况下，开启风口通风。

117. 在设施葡萄生产中，一氧化碳（**CO**）的来源及防止危害的方法是什么？

（1）**一氧化碳来源。**CO 应来源于加温燃料的未充分燃烧。我国葡萄设施栽培中加温温室所占比例很小，但在冬季严寒的北方地区进行的超早期促早栽培中，常常需要加温以保持设施环境较高的温度；另外利用塑料大棚进行的春促早栽培中，如遇到突然的寒流降温天气，也需要人工加温以防冻害。

（2）**防止一氧化碳危害。**主要是指防止一氧化碳对生产者的危害。

118. **在设施葡萄生产中，二氧化氮（NO₂）的来源、毒害症状及防止危害的方法是什么？**

（1）**二氧化氮来源。**主要来源是氮素肥料的不合理施用。土壤中连续大量施入氮肥，使亚硝酸向硝酸的转化过程受阻，而铵向亚硝酸的转化却正常进行，从而导致土壤中亚硝酸的积累，挥发后造成 NO_2 的危害。

（2）**毒害症状。**NO_2 主要从叶片的气孔随气体交换而侵入叶肉组织，首先使气孔附近细胞受害，然后毒害叶片的海绵组织和栅栏组织，进而使叶绿体结构受到破坏，最终导致叶片呈褐色，出现灰白斑。对于葡萄一般的毒害浓度为 2～3 毫克/升，浓度过高时葡萄叶片的叶脉也会变白，甚至全株死亡。

（3）**防止危害的方法。**①合理追施氮肥，不要连续、大量施用氮素化肥。②及时通风换气。③若确定亚硝酸气体存在并发生危害时，设施内土壤施入适量石灰可明显减轻 NO_2 气体的危害。

119. **中国农业科学院果树研究所研发的智慧果园系统是什么？**

目前在设施果树生产中，设施内温湿度和光照等环境因子主要采取人为调控，不仅费用高而且调控的随意性强，常常出现由于调控不及时造成坐果及果实发育不良，以及日灼等问题的发生，严重影响了设施果树产业的集约化、规模化和标准化发展。为此，中国农业科学院果树研究所开展了设施果树环境监测与智能管控系统与设备的研发，以促进设施果树的集约化、规模化和标准化发展。本系统通过温湿度和光照等环境因子传感器对设施内环境因子进行实时监测，并根据设定的环境因子关键值对设施环境进行调控，实现设施果树生产环境因子调控的智能化管理，本系统可通过网络实现不同品种和生育期环境因子关键值的远程设置及控制；同时，本系统还可通过网络实现不同品种和生育期水分和养分关键值的远程设置及控制，实现水肥管理的一体化、精准化和远程化；此外，本系统还能配合视频采集系统实现设施果树生产管理全过程的远程监督及查看。

八　设施葡萄的花果管理

120. 在设施葡萄生产中，花穗整形有哪些作用？

（1）**控制果穗大小，利于果穗标准化。**一般葡萄花穗有 1 000～1 500 个小花，而正常生产仅需 50～100 个小花结果，通过花穗整形，可以控制果穗大小，符合标准化栽培的要求。例如日本商品果穗要求 450～500 克/穗，我国商品果穗要求 450～750 克/穗。

（2）**提高坐果率，增大果粒。**通过花穗整形有利于花期营养集中，提高保留花朵的坐果率，有利于增大果粒。

（3）**调节花期一致性。**通过花穗整形可使开花期相对一致，有利于掌握处理时间，提高无核率。

（4）**调节果穗的形状。**通过花穗整形，可按要求人为调节果穗形状，整成不同形状的果穗，如利用副穗，即把主穗疏除大部分，形成情侣果穗。

（5）**减少疏果工作量。**葡萄花穗整形，疏除小穗，操作比较容易，一般疏花穗后疏果量较少或不需要疏果。

121. 在无核栽培模式下，如何进行花穗整形？

（1）**花穗整形的时期。**开花前 1 周到花初开为最适宜时期。

（2）**花穗整形的方法。**①对巨峰系如巨峰、藤稔、夏黑、先锋、巨玫瑰、醉金香等品种，在我国南方地区一般留穗尖 3～3.5 厘米，8～10 段小穗，50～55 个花蕾，400～500 克/穗；在我国北方地区一般留穗尖 4.5～6.5 厘米，12～18 段小穗，60～100 个花蕾，500～700 克/穗。②对二倍体品种如魏可和 87-1 等品种，在我国南方地区一般留穗尖 4～5 厘米；在我国北方地区一般留穗尖 5.5～6.5 厘米。③对幼树和坐果不稳定的树体，适当轻剪穗尖（去除 5 个左右花蕾）。④如穗尖出现分枝、扁平等情况时，需将穗尖畸形部分剪除。

122. 在有核栽培模式下，如何进行花穗整形？

巨峰、白罗莎里奥、美人指等品种间有核栽培模式下的花穗管理差异较大。四倍体巨峰系品种总体结实性较差，不进行花穗整理容易出现果穗不整齐现象；二倍体品种坐果率高，但容易出现穗大、粒小、含糖量低、成熟度不一致等现象。

（1）**巨峰系品种**。①花穗整形的时期：一般小穗分离，小穗间可以放入手指，开花前 1～2 周到花初开。过早，不易区分保留部分；过迟，影响坐果。若栽培面积较大，则先去除副穗和上部部分小穗，到时再保留所需的花穗。②花穗整形的方法（彩图 33 至彩图 35）：副穗及以下 8～10 段小穗去除，保留 15～20 段小穗，去穗尖；花穗很大（花芽分化良好）时保留下部 15～20 段小穗，不去穗尖。开花前留穗尖 5.0～6.5 厘米为宜，果实成熟时果穗呈圆球形（或圆筒形），每穗重 400～750 克。

（2）**二倍体品种**。①花穗整形的时期：花穗上部小穗和副穗花蕾由开花到花盛开时，对于坐果率高的品种可于花后整穗。②花穗整形的方法：为了增大果实用赤霉素处理的植株，可利用花穗下部 16～18 段小穗（开花时 6～7 厘米），穗尖基本不去除（或去除几个花蕾约 5 毫米）；常规栽培（不用赤霉素）植株，花穗留先端 18～20 段小穗，8～10 厘米，穗尖去除 1 厘米。

123. 疏穗应遵循什么基本原则？

疏穗的原则就是根据树的负担能力和目标产量决定疏穗量。树体的负担能力与树龄、树势、地力、施肥量等有关，如果树体的负担能力较强，可以适当地多留一些果穗；而对于弱树、幼树、老树等负担能力较弱的树体，应少留果穗。树体的目标产量则与品种特性和当地的综合生产水平有关，如果品种的丰产性能好，当地的栽培技术水平也较高，则可以适当地多留果穗；反之，则应少留果穗。

124. 什么时期疏穗较好？

一般情况下越早疏穗越好，可以减少养分的浪费以便更集中供应果粒的生长，但是每一果穗的着生部位、新梢的生长情况、树势、环境条件等都对除穗的时期有所影响。对于生长势较强的品种来说，花前的除穗可以适当轻一些，花后的程度可以适当重一些；对于生长势较弱的品种，花前的除穗可以适当重一些。

125. 如何确定合理的负载量？

从果实品质和产量综合考虑，产量控制在 750～2 000千克/亩为宜（光照良好地区产量以 1 500～2 000 千克/亩为宜，光照一般地区产量以 1 000～1 500 千克/亩为宜，光照较差地区产量以 750～1 000 千克/亩为宜），如产量过高，必将影响果实品质。葡萄单位面积的产量＝单位面积的果穗数×果穗重，而果穗重＝果粒数×果粒重。因此，可以根据目标（计划）产量和品种特性确定单位面积的留果穗数。品种的特性决定了该品种的粒重，可以依据市场上对果穗要求的大小和所定的目标产量准确地确定单位面积的留果穗数。中国农业科学院果树研究所研究表明，在果穗重 500 克左右、新梢长度大于 1.2 米的条件下，综合考虑果实品质和产量，梢果比以（1～1.5）∶1 为宜（即负载 500 克果实，宜对应 20～30 片功能叶），除去着粒过稀/密的果穗，选留着粒适中的果穗。

126. 疏粒应遵循什么基本原则？

果粒大小除了受到本身品种特性的影响外，还受到开花前后子房细胞分裂和在果实生长过程中细胞膨大的影响。要使每一品种的果粒大小特性得到充分发挥，必须确保每一果粒中的营养供应充足，也就是说果穗周围的叶片数要充分。另外，果粒与果粒之间要留有适当的发展空间，这就要求栽培者必须根据品种特性进行适当的疏粒。每一穗的果穗重、果粒数以及平均果粒重都有一定的要求，巨峰葡萄如果要求每果粒重在 12 克左右，而每一穗果实重 300～350 克，则要求每一穗的果粒为 25～30 粒。

127. 什么时期疏粒较好？

对大多数品种，结实稳定后越早疏粒越好，增大果粒的效果也越明显；但对于树势过强且落花落果严重的品种，疏粒时期可适当推后；对有种子果实来说，由于种子的存在对果粒大小影响较大，最好等落花后能区分出果粒是否含有种子时再进行疏粒为宜，比如巨峰、藤稔要求在盛花后 15～25 天完成这项作业。

128. 如何疏粒？

不同葡萄品种疏粒的方法有所不同，主要分为除小穗梗和除果粒两种方法（图 2），对于过密的果穗要适当除去部分支梗，以保证果粒增长的适当空间，对于每一支梗中所选留的果粒数也不可过多，通常果穗上部可适当多一些，下部适当少一些，虽然每一个品种都有其适宜的疏粒方法，但只要掌握了留支梗的数目和疏粒后的穗轴长短，一般不会出现太大问题（彩图 36）。

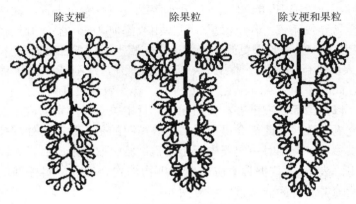

除支梗　　　　　　除果粒　　　　　　除支梗和果粒

图 2　疏果粒示意图

129. 疏粒应遵循什么标准？

一般平均粒重在 6 克以下的品种，每果穗留 80～120 个果粒；平均粒重在 6～7 克的品种，每果穗留 60～80 个果粒；平均粒重在 8～10 克的品种，每果穗留 50～60 个果粒；平均粒重在 11 克以上的品种，每果穗留 35～50 个果粒。总之，疏粒后单果穗重保持在 450～600 克为宜。

130. 关于赤霉素应用的国内外研究进展是怎样的？

（1）国内研究进展。 国内关于赤霉素（GA₃）的应用有不少研究。①拉长穗轴。采用浓度一般为 5～7 毫克/升，在展叶 5～

7 片时浸渍花穗即可。②诱导无核。一般采用浓度为 12.5～25 毫克/升，大多数品种在初花期到盛花后 3 天内处理有效。无核处理时添加 200 毫克/升链霉素可提前或推后到花前至花后 1 周左右，处理适宜时间扩大、无核率更高。③保果。一般在落花时进行，一般用 12.5～25 毫克/升水溶液浸渍或喷布果穗，此期处理容易导致无核，若单保果，可单用或添加 3～5 毫克/升氯吡脲（CPPU），保果效果更好。④促进果粒膨大。一般在盛花后 10～14 天内进行，浓度一般用 25～50 毫克/升，浸渍或喷布果穗均可，此时添加 5～10 毫克/升 CPPU，膨大效果更好。

(2) 国际研究进展。在国际上，日本关于赤霉素的应用技术研究更细致，在此简介供参考。需要声明的是，日本的处理技术仅供参考，应用时一定要先行小面积试验，取得经验后再大面积使用。表 14 是依据日本协和发酵生物株式会社的资料整理的日本葡萄各品种的赤霉素应用方法。

131. 赤霉素施用的注意事项有哪些？

（1）不同的葡萄品种对 GA_3 的敏感性不同，使用前要仔细核对品种的适用浓度、剂量和物候期，并咨询有关专家和机构。

（2）对 GA_3 处理表中没有的葡萄品种可参照相近品种类型（欧亚种、美洲种、欧美杂交种）进行处理，但要咨询有关专家或专业机构使用。

（3）树势过弱及母枝成熟不好的树，GA_3 使用效果差，避免使用。树势稍强的树应用效果好，但树势过于强旺时，效果反而会变差，要加强管理，维持健壮中庸偏强的树势。

（4）花穗开花早晚不同，应分批分次进行，特别是第一次诱导无核处理时，时期（物候期）更要严格掌握。时期的掌握主要根据历年有效积温累积判断，也可参照其他物候指标判断，例如盛花前 14 天左右的物候指标。展叶 12～13 片，花穗的歧穗与穗

表 14 适宜赤霉素处理的葡萄品种、方法和范围（2011 年 2 月 2 日更新，登录号：农林水产省登录，第 6007 号）

作物名	使用目的	使用浓度	使用时期	使用次数	使用方法	含 GA₃ 农药使用总次数
美洲种二倍体品种无核栽培（希姆劳德除外）	诱导无核、膨大果粒	第一次，GA₃ 100 毫克/升；第二次，GA₃ 75～100 毫克/升	第一次，盛花前 14 天前后；第二次，盛花后 10 天前后	2 次，但因降雨等需再行处理时总计不得超过 4 次	第一次、花穗浸渍；第二次、果穗浸渍或果穗喷布	2 次，但因降雨等需再行处理时总计不得超过 4 次
希姆劳德（西姆劳拜特）	膨大果粒	GA₃ 100 毫克/升	坐果后	1 次，但因降雨等需再行处理时总计不得超过 2 次	果穗浸渍	1 次，但因降雨等需再行处理时总计不得超过 2 次
玫瑰露无核栽培	诱导无核、膨大果粒	第一次，GA₃ 100 毫克/升；第二次，GA₃ 75～100 毫克/升	第一次，盛花前 14 天左右；第二次，盛花后 10 天左右	2 次，但因降雨等需再行处理时总计不得超过 4 次	第一次、花穗浸渍；第二次、果穗浸渍或果穗喷布	2 次，但因降雨等需再行处理时总计不得超过 4 次
二倍体美洲种葡萄有核栽培（康拜尔早生除外）	膨大果粒	GA₃ 50 毫克/升	盛花后 10～15 天	1 次，但因降雨等需再行处理时总计不得超过 2 次	果穗浸渍	1 次，但因降雨等需再行处理时总计不得超过 2 次
康拜尔早生（有核栽培）	拉长果穗	GA₃ 3～5 毫克/升	盛花前 20～30 天（展叶 3～5 片）	1 次	花穗喷布	2 次以内，但因降雨等需再行处理时总计不得超过 3 次

（续）

作物名	使用目的	使用浓度	使用时期	使用次数	使用方法	含 GA₃ 农药使用总次数
二倍体欧亚种葡萄无核栽培	诱导无核、膨大果粒	第一次，GA₃25 毫克/升；第二次，GA₃25 毫克/升	第一次，盛花—盛花后 3 天；第二次，盛花后 10 ~ 15 天	2 次，但因降雨等需再行处理时总计不超过 4 次	第一次、花穗浸渍；第二次，果穗浸渍	2 次，但因降雨等需再行处理时总计不超过 4 次
阳光玫瑰（无核栽培）	诱导无核、膨大果粒	GA₃25 毫克/升＋CPPU10 毫克/升	盛花后 3 ~ 5 天（落花期）	1 次，但因降雨等需再行处理时总计不超过 2 次	花穗浸渍	2 次，但因降雨等需再行处理时总计不超过 4 次
二倍体欧亚种葡萄有核栽培	膨大果粒	GA₃25 毫克/升	盛花后 10 ~ 20 天	1 次，但因降雨等需再行处理时总计不超过 2 次	果穗浸渍	1 次，但因降雨等需再行处理时总计不超过 2 次
三倍体品种（金玫瑰露、无核白鸡心除外）	保果、膨大果粒	第一次，GA₃25~50 毫克/升；第二次，GA₃25~50 毫克/升	第一次，盛花~盛花后 3 天；第二次，盛花后 10 ~ 15 天	2 次，但因降雨等需再行处理时总计不超过 4 次	第一次、花穗浸渍；第二次，果穗浸渍	2 次，但因降雨等需再行处理时总计不超过 4 次
金玫瑰露	保果、膨大果粒	第一次，GA₃50 毫克/升；第二次，GA₃50~100 毫克/升	第一次，盛花—盛花后 3 天；第二次，盛花后 10 ~ 15 天	2 次	第一次、花穗浸渍；第二次，果穗浸渍或喷布	2 次

（续）

作物名	使用目的	使用浓度	使用时期	使用次数	使用方法	含 GA$_3$ 农药使用总次数
无核蜜	保果、膨大果粒	GA$_3$ 100 毫克/升	盛花后 3～6 天	1 次，但因降雨等需再行处理时总计不超过 2 次	花穗或果穗浸渍	1 次，但因降雨等需再行处理时总计不超过 2 次
	诱导无核、膨大果粒	第一次，GA$_3$ 12.5～25 毫克/升；第二次，GA$_3$ 25 毫克/升	第一次，盛花至盛花后 3 天；第二次，盛花后 10～15 天	2 次，但因降雨等需再行处理时总计不超过 4 次	第一次，花穗浸渍；第二次，果穗浸渍	
巨峰系四倍体品种无核栽培（阳光玫瑰除外）	诱导无核	GA$_3$ 25 毫克/升＋CPPU 10 毫克/升	盛花后 3～5 天（落花期）	1 次，但因降雨等需再行处理时总计不超过 2 次	花穗浸渍	3 次以内，但因降雨等需再行处理时总计不超过 5 次
		GA$_3$ 12.5～25 毫克/升	盛花至盛花后 3 天	1 次，但因降雨等需再行处理时总计不超过 2 次	花穗浸渍（盛花后 10～15 天，使用 CPPU 促进果粒膨大）	
	拉长果穗	GA$_3$ 3～5 毫克/升	展叶 3～5 片时	1 次	花穗喷布	

（续）

作物名	使用目的	使用浓度	使用时期	使用次数	使用方法	含GA₃农药使用总次数
	无核诱导、膨大果粒	第一次，GA₃ 12.5~25 毫克/升；第二次，GA₃25 毫克/升	第一次，盛花至盛花3后天；第二次，盛花后10~15天	2次，但因降雨等需再行处理时总计不超过4次	第一次，花穗浸渍；第二次，果粒浸渍	3次以内，但因降雨等需再行处理时总计不超过5次
		GA₃25毫克/升＋CPPU 10毫克/升	盛花后3~5天（落花期）	1次，但因降雨等需再行处理时总计不超过2次	花穗浸渍	
阳光脂无核栽培	诱导无核	GA₃12.5~25毫克/升	盛花至盛花后3天	1次，但因降雨等需再行处理时总计不超过2次	花穗浸渍（盛花后10~15天，使用CPPU促进果粒膨大）	3次，但因降雨等需再行处理时总计不超过5次
	果穗拉长	GA₃3~5毫克/升	展叶3~5片时	1次	花穗喷布	
	减少果粒密度、促进果粒膨大	第一次，GA₃25毫克/升＋CPPU 3毫克/升；第二次，GA₃25毫克/升	第一次，盛花前14~20天；第二次，盛花后10~15天	2次，但因降雨等需再行处理时总计不超过4次	第一次，花穗浸渍；第二次，果粒浸渍	

（续）

作物名	使用目的	使用浓度	使用时期	使用次数	使用方法	含 GA₃ 农药使用总次数
巨峰、浪漫宝石有核栽培	膨大果粒	GA₃25 毫克/升	盛花后 10～20 天	1 次，但因降雨等需再行处理时总计不超过 2 次	果穗浸渍	1 次，但因降雨等需再行处理时总计不超过 2 次
高尾	膨大果粒	GA₃50～100 毫克/升	盛花～盛花后 7 天	1 次，但因降雨等需再行处理时总计不超过 2 次	花穗浸渍 果穗浸渍	
东宝	膨大果粒	第一次，GA₃25～50 毫克/升；第二次，GA₃50 毫克/升	第一次，盛花；第二次，盛花后 4～13 天	2 次，但因降雨等需再行处理时总计不超过 4 次	果穗浸渍	2 次，但因降雨等需再行处理时总计不超过 4 次
福宝	膨大果粒	GA₃50～100 毫克/升	盛花～盛花后 7 天	1 次，但因降雨等需再行处理时总计不超过 2 次	花穗浸渍 果穗浸渍	1 次，但因降雨等需再行处理时总计不超过 2 次

轴成 90°角，花穗顶端的花蕾稍微分开，此时花冠长度应在 2.0～2.2 毫米，花冠的中心有微小的空洞。

（5）使用 GA₃ 处理保果的同时会促进果粒膨大，着果过密，会诱发裂果、果粒硬化、落粒，因此，需在处理前整穗，坐果后疏粒。

（6）使用的 GA₃ 浓度搞错会发生落花或过度着粒、有核果混入等，要严守使用浓度。赤霉素的重复处理或高浓度处理是穗轴硬化弯曲及果粒膨大不足的主要原因，要注意避免；浓度不足时又会使无核率降低并导致成熟后果粒的脱落。

（7）诱导无核结实的处理，要注意药液均匀分布花蕾的全体。

（8）促进果粒膨大处理要避免过度施药，防止诱发药害，浸渍药液后要轻轻晃动葡萄枝梢及棚架上的铁丝，晃落多余的药液。

（9）对美洲种葡萄品种诱导无核结实和促进果粒膨大时，两次须用 100 毫克/升 GA₃ 浸渍处理。若第二次用喷布处理时，GA₃ 浓度为 75～100 毫克/升，但喷布处理的膨大效果略差，要在健壮的树上进行，注意药液的均匀喷布。

（10）GA₃ 和链霉素混用，可提高无核化率，但须严守链霉素的使用注意事项。

（11）诱导玫瑰露等无核结实时要在花前 14 天前后处理，否则，容易引起落花落果，需添加 CPPU 混用。

（12）用于巨峰系四倍体葡萄拉长果穗时，必须只喷花穗，并喷至濡湿全体花穗，此时，大量的药液濡湿枝叶，翌年新梢发育不良，忌用动力喷雾机等喷施叶梢的大型喷药机械。

（13）巨峰和浪漫宝石的有核栽培中，GA₃ 用于促进果粒膨大时，过早处理会产生无核果粒，要在确认坐果后再处理。

（14）药液要当天配当天用，并于避光阴凉处存放；不能与波尔多液等碱性溶液混合使用，也不能在无核处理前 7 天至处理后 2 天使用波尔多液等碱性农药。

（15）气温超过 30℃或低于 10℃，不利药液吸收；提高空气湿度利于药液吸收，因此，最好在晴天的早晚进行施用，避开中午。

（16）为了预防灰霉病等的危害，应将黏在柱头上的干枯花冠用软毛刷刷掉后再进行无核处理。激素或植物生长调节剂的使用受环境影响很大，因此，各地在使用前应先试验，试验成功后方可大面积推广应用，在使用激素或植物生长调节剂时还要切忌滥用或过量使用。

132. 氯吡脲如何施用？

CPPU 在葡萄上主要用于保果和促进果粒膨大，一般保果的浓度为 3～5 毫克/升水溶液，在盛花期至落花期浸渍或喷布花、果穗；促进果粒膨大时，一般在盛花后 10～14 天使用，用 5～10 毫克/升水溶液浸渍或喷布果穗即可。日本作为 CPPU 的发明国，关于 CPPU 的使用技术有详细的研究，根据日本协和发酵株式会社公布的资料将各类葡萄品种上 CPPU 的使用方法辑录于表 15，供参考。

133. 氯吡脲施用有哪些注意事项？

（1）当日配置，当天使用，过期使用效果会降低。

（2）降雨会降低使用效果，雨天禁用，遇持续异常高温、多雨、干燥等气候条件禁用。

（3）注意品种特性。不同葡萄品种对 CPPU 的敏感性不同，应依据表 15 正确使用；尚未列入本表的品种，可参照品种类型（欧亚种、美洲种、欧美杂交种）使用，初次使用时请咨询有关机构或经小规模试验后使用。

（4）使用 CPPU 后会诱发着粒过多，产生裂果、上色迟缓、

表15 不同葡萄品种使用 CPPU 的方法（2011 年 2 月 2 日更新，登录号：农林水产省登录，第 17247 号）

品种	使用目的	使用浓度	使用时期	使用次数	使用方法	含 CPPU 农药的使用总次数
二倍体美洲种品种无核栽培	保果	2~5 毫克/升	盛花期前约 14 天		加在 GA_3 溶液中浸渍花穗（第二次 GA_3 处理按常规方法）	
	膨大果粒	5~10 毫克/升	盛花后约 10 天		加在 GA_3 溶液中浸渍果穗（第一次 GA_3 处理按常规方法）	
玫瑰无核（露地栽培）	膨大果粒	3~5 毫克/升	盛花后约 10 天		加在 GA_3 溶液中浸渍果穗（第一次 GA_3 处理按常规方法）	2 次以内，受降雨等影响，补施时需控制在合计 4 次以内
	膨大果粒	3~10 毫克/升	盛花后约 10 天	1 次，但受降雨影响，控制在 2 次以内	加在 GA_3 溶液中喷布果穗（第一次 GA_3 处理按常规方法）	
	扩大赤霉素处理适宜期	1~5 毫克/升	盛花前 18~14 天		加在 GA_3 溶液中浸渍花穗（第二次 GA_3 处理按常规方法）	
玫瑰露（设施栽培）	保果	2~5 毫克/升	始花期至盛花期		花穗浸渍	
		5 毫克/升			花穗喷施	
	膨大果粒	3~5 毫克/升	盛花后 10 天左右		加在 GA_3 溶液中浸渍果穗（第一次 GA_3 处理按常规方法）	
		3~10 毫克/升			加在 GA_3 溶液中喷布果穗（第一次 GA_3 处理按常规方法）	

（续）

品种	使用目的	使用浓度	使用时期	使用次数	使用方法	含CPPU农药的使用总次数
玫瑰露无核栽培（设施栽培）	扩大赤霉素处理适宜时期	1~5毫克/升	花前18~14天		加在GA₃溶液中浸渍花穗（第二次GA₃处理按常规方法）	
	保果	5~10毫克/升	初花至盛花		花穗浸渍	2次以内，受降雨等影响，补施时需控制在合计4次以内
二倍体欧洲系品种无核栽培（除阳光玫瑰外）	保果	2~5毫克/升	开花初期至盛花前或盛花期至盛花后3天	1次，但受降雨影响补施时，控制在2次以内	初花盛花处理时浸渍花穗和第二次处理（GA₃第一次处理和第二次GA₃处理的第二次处理按常规进行）	
	膨大果粒	5~10毫克/升	盛花后10~15天		加在GA₃溶液中浸渍果穗（第一次GA₃处理按常规方法）	
阳光玫瑰无核栽培	促进花穗发育	1~2毫克/升	展6~8片叶时		喷施花穗	
	保果	2~5毫克/升	初花至盛花或盛花后3天		初花至盛花浸渍花穗，GA₃第一、二次处理常；盛花至盛花后3天处理时，加在GA₃液中浸渍花穗，GA₃第二次处理照常规进行	

（续）

品种	使用目的	使用浓度	使用时期	使用次数	使用方法	含CPPU农药的使用总次数
阳光玫瑰无核栽培	膨大果粒	5~10毫克/升	盛花后10~15天		加在GA_3溶液中浸渍果穗（第一次GA_3处理按常规方法）	2次以内，受降雨等影响，补施时需控制在合计4次以内
	诱导无核化、膨大果粒	10毫克/升	盛花后3~5天（落花期）	1次，但受降雨影响，补施时，控制在2次以内	加在GA_3溶液中浸渍花穗	
	促进花穗发育	1~2毫克/升	展叶6~8片时		喷施花穗	
三倍体品种无核栽培	保果	2~5毫克/升	初花至盛花或盛花至盛花后3天		第一、二次盛花浸渍花穗；盛花至盛花后3天时，加在GA_3溶液中浸渍花穗，GA_3第一次处理按照常规进行	
巨峰系四倍体品种栽培（除阳光脂外）	膨大果粒	5~10毫克/升	盛花后10~15天	1次，但受降雨影响，补施时总次数控制在2次以内	加在GA_3溶液中浸渍果穗（第一次GA_3处理按常规方法）	2次以内，受降雨等影响，补施时需控制在合计4次以内
	保果	2~5毫克/升	初花至盛花或盛花至盛花后3天		盛花至盛花后3天处理时，盛花至盛花后3天浸渍花穗，GA_3第二次处理按照常规进行	

（续）

品种	使用目的	使用浓度	使用时期	使用次数	使用方法	含CPPU农药的使用总次数
巨峰系四倍体品种无核栽培（除阳光玫瑰外）	膨大果粒	5~10毫克/升	盛花后10~15天	1次，但受降雨等影响，补施时需控制总次数在2次以内	加在GA₃溶液中浸渍果穗（盛花至无核处理后3天的GA₃诱导无核处理照常规进行）	2次以内，受降雨等影响，补施时需控制在合计4次以内
	诱导无核化、膨大果粒	10毫克/升	盛花后3~5天（满花期）		加在GA₃液中浸渍花穗	
	促进花穗发育	1~2毫克/升	展叶6~8片时		喷施花穗	
	保果	2~5毫克/升	初花至盛花或盛花后3天	总次数控制在2次以内	初花至盛花浸渍花穗，GA₃第一、二次处理常规进行；盛花至盛花后3天时，加在GA₃溶液中浸渍花穗，GA₃第二次处理照常规进行	
阳光玫瑰无核栽培	膨大果粒	5~10毫克/升	盛花后10~15天	1次，但受降雨等影响，补施时需控制总次数不应超过2次	加在GA₃溶液中浸渍果穗（盛花至无核处理后3天的GA₃诱导无核处理照常规）	2次以内，受降雨等影响，补施时需控制在合计4次以内
	无核化、膨大果粒	10毫克/升	盛花后3~5天（满花期）		加入GA₃溶液中浸渍花穗（GA₃第二次处理照常规进行）	
	降低着粒密度膨大果粒	3毫克/升	盛花前14~20天			
	促进花穗发育	1~2毫克/升	展叶6~8片时		花穗喷施	

（续）

品种	使用目的	使用浓度	使用时期	使用次数	使用方法	含CPPU农药的使用总次数
二倍体美洲系品种（有核栽培）	膨大果粒	5~10毫克/升	盛花后15~20天	1次，但受降雨等影响，补施时总次数不应超过2次	浸渍果穗	1次，但受降雨等影响，补施时总次数不应超过2次
二倍体欧洲系有核栽培（除亚历山大外）	促进花穗发育	1~2毫克/升	展叶6~8片时		花穗喷施	2次以内，但受降雨等影响，补施时总次数不超过4次
巨峰系四倍体品种（有核栽培）	膨大果粒	5~10毫克/升	盛花后15~20天		浸渍果穗	1次，但受降雨等影响，补施时总次数不应超过2次
亚历山大（有核栽培）	保果	2~5毫克/升	盛花期		浸渍花穗	2次以内，但受降雨等影响，补施时总次数不超过4次
亚历山大（有核栽培）	促进花穗发育	1~2毫克/升	展叶6~8片时		喷施花穗	2次以内，但受降雨等影响，补施时总次数不超过4次
东香		5毫克/升	盛花后4~13天		加在 GA_3 溶液中浸渍果穗（第一次 GA_3 处理按常规方法）	1次，但受降雨等影响，补施时总次数不应超过2次
高尾	膨大果粒	5~10毫克/升	盛花至盛花后7天		加在 GA_3 溶液中浸渍花穗或果穗	

果粒着色不良、糖分积累不足、果梗硬化、脱粒等副作用，使用时要进行开花前的疏穗、坐果后的疏粒及负载量的调整等。

（5）使用时期和使用浓度出错，有可能导致有核果粒增加、果面障害（果点木栓化）、上色迟缓、色调暗等现象，要严格遵守使用时期、使用浓度的要求。

（6）使用避开降雨、异常干燥（干热风）时。

（7）处理后的天气骤变（降雨、异常干燥等）影响 CPPU 的吸收，在含 CPPU 农药的使用总次数的控制范围内，可再行补充处理，处理时应咨询有关部门或专家。

（8）树势强健的可以取得稳定的效果，应维持较强的树势；树势弱的，使用效果差，应避免使用。

（9）避免和 GA_3 以外的药剂混用，与 GA_3 混用时也要留意 GA_3 使用注意事项，并注意正确混配。激素或植物生长调节剂的使用受环境影响很大，因此，各地在使用前应先试验，试验成功后方可大面积推广应用。在使用激素或植物生长调节剂时还要切忌滥用或过量使用。

134. 如何选择果袋？

经国家葡萄产业技术体系栽培研究室多年科研攻关，研究表明，与白色纸袋相比（彩图 37），蓝色纸袋具有促进钙吸收、促进果实成熟的作用，绿色和黑色纸袋具有推迟果实成熟的作用；无纺布果袋及纸塑结合袋能有效促进果实的着色；红色网袋具有增大果粒、促进果实着色、增加可溶性固形物含量的作用；颜色艳丽果袋尤其是绿色果袋的防鸟效果好于白色果袋（彩图 38），伞袋可显著减轻果实日灼现象的发生（彩图 39）。葡萄专用果袋的纸张应具有较大的强度（彩图 40），耐风吹雨淋、不易破碎、有较好的透气性和透光性，避免袋内温、湿度过高；不要使用未经国家注册的纸袋。巨峰系品种及中穗形品种一般选用 22 厘米

×33 厘米和 25 厘米×35 厘米规格的果袋，而红地球等大穗品种一般选用 28 厘米×36 厘米规格的果袋。

135. 何时套袋效果好？

套袋时间过早，不仅无法区分大小粒，不利于疏粒工作的进行，往往容易导致套袋后果穗出现大小粒问题；而且由于幼果果粒没有形成很好的角质层，高温时容易灼伤，加重气灼或日灼现象的发生；同时，由于果袋内湿度大，果粒蒸腾速率大大降低，严重影响了果实对钙元素的吸收，降低了果品的耐贮性。套袋时间过晚，果粒已开始进入着色期，糖分开始积累，极易被病菌侵染。一般在葡萄开花后 20～30 天即生理落果后、果实玉米粒大小时进行；如为了促进果粒对钙元素的吸收，提高果实耐贮性，可将套袋推迟到种子发育期进行，但注意加强病害防治。同时，要避开雨后高温天气或阴雨连绵后突然放晴的天气进行套袋，一般要经过 2～3 天，待果实稍微适应高温环境后再套袋。套袋时间最好在上午 10：00 前或下午 4：00 后，避开中午高温时间；阴天可全天套袋。

136. 如何套袋？

在套袋之前，果园应全面喷布一遍杀菌剂，重点喷布果穗，蘸穗效果更佳，待药液晾干后再行套袋。先将袋口端 6～7 厘米浸入水中，使其湿润柔软，便于收缩袋口；套袋时，先用手将纸袋撑开，使纸袋鼓起，然后由下往上将整个果穗全部套入袋中央处；再将袋口收缩到果梗的一侧穗梗上（禁止在果梗上绑扎纸袋），用一侧的封口丝扎紧；一定要在镀锌钢丝以上留有 1.0～1.5 厘米长的纸袋，套袋时严禁用手揉搓果穗。

137. 如何摘袋？

葡萄套袋后可以不摘袋，带袋采收；如果要摘袋，则摘袋时间应根据品种、果穗着色情况以及果袋种类而定，可通过分批摘袋的方式来达到分期采收的目的。对于无色品种及果实容易着色的品种如巨峰等，可以在采收前不摘袋，在采收时摘袋，但这样成熟期有所延迟，巨峰品种成熟期延迟 10 天左右；红色品种如红地球，一般在果实采收前 15 天左右进行摘袋。果实着色至成熟期昼夜温差较大的地区，可适当延迟摘袋时间或不摘袋，防止果实着色过度，达紫红或紫黑色，降低商品价值；在昼夜温差较小的地区，可适当提前摘袋，防止摘袋过晚果实着色不良。

摘袋时首先将袋底打开，经过 5～7 天再将袋全部摘除较好。去袋时间宜在晴天的上午 10 时以前或下午 4 时以后，阴天可全天进行。葡萄摘袋后一般不必再喷药，但注意防止金龟子等害虫危害和鸟害，并密切观察果实着色进展情况，在果实着色前，剪除果穗附近部分已经老化的叶片和架面上的密枝蔓，改善架面的通风透光条件，减少病虫危害，促进浆果着色。注意摘叶不要与摘袋同时进行，摘袋也不要一次完成，应当分期分批进行，防止发生日灼。

138. 与套袋栽培相配套的肥水管理和病虫害防治如何进行？

（1）配套肥水管理。套袋栽培后，由于果袋内空气湿度总是大于外界环境，套袋葡萄果粒蒸腾速率降低，导致矿质元素尤其是钙元素从根系运输到果穗的量明显减少，严重时会引起某些缺钙生理病害，降低果实耐贮性。因此，与无袋栽培相比，套袋栽培应加强叶面喷肥管理，一般套袋前每 7～10 天喷施 1 次含氨基酸钙的氨基酸 4 号叶面肥（由中国农业科学院果树研究所研制），共喷施 3～4 次；套袋后每隔 10～15 天交替喷施 1 次含氨基酸钾的氨基酸 5 号叶面肥（由中国农业科学院果树研究所研制）和含氨基酸钙的氨基酸 4 号叶面肥，以促进果实发育和减轻裂果现象的发生，增加果实的耐贮性。

（2）**配套病虫害防治。** 与无袋栽培相比，套袋后可以不再喷布针对果实病虫害的药剂，重点是防治好叶片病虫害，如黑痘病、炭疽病和霜霉病等；同时对易入袋产生危害的害虫如康氏粉蚧等，要密切观察，严重时可以解袋喷药。

139. 硒元素有哪些保健功能？

硒是人体生命之源，素有"生命元素"的美称。硒元素具有抗氧化、增强免疫系统功能、促进个体发育成长等多种生物学功能。它能杀灭各种超级微生物，刺激免疫球蛋白及抗体产生，增强机体对疾病的抵抗能力，中止危险病毒的蔓延；它能帮助甲状腺激素的活动，减缓血凝结，减少血液凝块，维持心脏正常运转，使心律不齐恢复正常；它能增强肝脏活性，加速排毒，预防心血管疾病，改善心理和精神失常，特别是低血糖；它能预防传染病，减少由自身免疫疾病引发的炎症，如类风湿性关节炎和红斑狼疮等；硒还参与肝功能与肌肉代谢，能增强创伤组织的再生能力，促进创伤的愈合；硒能保护视力，预防白内障发生，能够抑制眼晶体的过氧化损伤。硒可与锌、铜及维生素 E、C、A 和胡萝卜素协同作用，抗氧化效力要高几百、几千倍，在肌体抗氧化体系中起着特殊而重要的作用。

缺硒可导致人体出现四十多种疾病的发生。1979 年 1 月国际生物化学学术讨论会上，美国生物学家指出"已有足够数据说明硒能降低癌症发病率"；据国家医疗部门调查，我国 8 省 24 个地区严重缺硒，该类地区癌症发病率呈最高值。我国几大著名的长寿地区都处在富硒带上，同时华中科技大学工学院对百岁老人的血样调查发现，90～100 岁老人的血样硒含量超出 35 岁青壮年人的血样硒含量，可见硒能使人长寿。硒对人体的重要生理功能越来越为各国科学家所重视，各国根据自身情况都制定了硒营养的推荐摄入量。美国推荐成年男女硒的每日摄入量（RDI）分别为 70 微克和 55 微克，而英国则为 75 微克和 60 微克，中国营养学会推荐的成年人摄入量为 50～200 微克/天。人体中硒主要从日常饮食中获得，因此，食物中硒的含量直接影响了人们日常硒的摄入量。食物硒含量受地理影响很大，土壤硒含量的不同造成各地食品中硒含量的极大差异。土壤含硒量在 0.6 毫克/千克以下，就属于贫硒土壤，我国除湖北恩施、陕西紫阳等地区外，全国 72％的土壤都属贫硒或缺硒土壤，其中包括华北地区的京、津、冀等省份，华东地区的苏、浙、沪等省份。这些区域的食物硒含量均不能满足人体需要，长期摄入严重缺硒食品，必然会造成人体硒缺乏疾病。中国营养学会对我国 13 个地区做过一项调查表明，成人日平均硒摄入量为 26～32 微克，离中国营养学会推荐的最低限度 50 微克/天相距甚远。一般植物性食品含硒量比较低。因此，开发经济、方便、适合长期食用的富硒食品势在必行。

140. 锌元素有哪些保健功能？

锌是动植物和人类正常生长发育的必需营养元素，它与八十多种酶的生物活性有关。大量研究证明，锌在人体生长发育过程中具有极其重要的生理功能及营养作用，从生殖细胞到生长发育，从思维中心的大脑到人体的第一道防线——皮肤，都有锌的功勋，因此，有人把锌誉为"生命的火花"。锌不仅是人体必需营养元素，而且是人类最易缺乏的微量营养物质之一。锌缺乏对健康的影响是多方面的，人类的许多疾病，如侏儒症、糖尿病、高血压、生殖器和第二性症发育不全、男性不育等都与缺锌有关，缺锌还会使伤口愈合缓慢，引起皮肤病和视力障碍。锌缺乏在儿童中表现得尤为突出，生长发育迟缓、身材矮小、智力低下是锌缺乏患者的突出表现，此外还有严重的贫血、生殖腺功能不足、皮肤粗糙干燥、嗜睡和食土癖等症状。通常在锌缺乏的儿童中，边缘性或亚临床锌缺乏居多，有相当一部分儿童长期处于一种轻度的、潜在不易被察觉的锌营养元素缺乏状态，使其成为"亚健康儿童"，即使他们无明显的临床症状，但机体免疫力与抗病能力下降，身体发育及学习记忆能力落后于健康儿童。锌在一般成年人体内总含量为 2～3 克，人体各组织器官中几乎都含有锌，人体对锌的正常需求量为成年人 2.2 毫克/天，孕妇 3 毫克/天，乳母 5 毫克/天以上。人体内由饮食摄取的锌，其利用率约为 10%，因此，一般膳食中锌的供应量应保持在 20 毫克左右，儿童则不应少于 28 毫克/天，健康人每天需从食物中摄取约 15 毫克的锌。从目前看，世界范围内普遍存在着饮食中锌摄入量不足的现象，包括在美国、加拿大、挪威等一些发达国家也是如此。在我国 19 个地区进行的调查表明，60% 学龄前儿童锌的日摄入量为 3～6 毫克。以往解决营养不良问题的主要策略是药剂补充、强化食品以及饮食多样化。药剂补充对迅速提高营养缺乏个体的营养状况是很有用的，但花费较大，人们对其可接受性差。一般植物性食品含锌量比较低，因此，开发经济、方便、适合长期食用的富锌食品势在必行。

141. 中国农业科学院果树研究所在富硒、富锌等功能性果品生产上有哪些研究进展？

中国农业科学院果树研究所在多年研究攻关的基础上，根据葡萄等果树对硒和锌等有益元素的吸收运转规律，研发出氨基酸硒和氨基酸锌等富硒和富锌果树叶面肥并已获得国家发明专利

（ZL201010199145.0 和 ZL201310608398.2），获得了生产批号【农肥（2014）准字 3578 号，安丘鑫海生物肥料有限公司生产，在第十六届中国国际高新技术成果交易会上被评为优秀产品奖】（彩图 41、彩图 42）。同时，建立了富硒和富锌功能性果品的生产配套技术，其中"富硒果品生产技术研究与示范"获得 2016年华耐园艺科技奖（彩图 43）、"富硒功能性保健果品及其加工品生产技术研究与示范"获得 2016 年葫芦岛市科学技术奖励一等奖。目前，富硒和富锌等功能性果品生产关键技术已经开始推广，富硒和富锌等功能性果品生产进入批量阶段。

142. *如何生产富硒、富锌等功能性果品？*

（1）**富硒葡萄**。花前 10 天和花前 2～3 天各喷施 1 次含氨基酸硼的氨基酸 2 号叶面肥，以提高坐果率。①套袋栽培模式。从盛花至果实套袋前，每 10 天左右喷施 1 次 600～800 倍含氨基酸硒叶面肥，共喷施 4 次；果实套袋后至摘袋前，每 10 天左右喷施 1 次 600～800 倍含氨基酸硒叶面肥，若摘袋采收共喷施 2～3次，若带袋采收共喷施 4 次；果实摘袋后至果实采收前 10 天，每 5～7 天喷施 1 次 600～800 倍含氨基酸硒叶面肥，共喷施 1～2 次。②无袋栽培模式。从盛花至果实采收前 10 天结束，每 10天左右喷施 1 次 600～800 倍含氨基酸硒叶面肥，共喷施 6～8 次。

（2）**富锌葡萄**。花前 10 天和花前 2～3 天各喷施 1 次含氨基酸硼的氨基酸 2 号叶面肥，以提高坐果率。①套袋栽培模式。从盛花至果实套袋前，每 10 天左右喷施 1 次 600～800 倍含氨基酸锌叶面肥，共喷施 4 次；果实套袋后至摘袋前，每 10 天左右喷施 1 次 600～800 倍含氨基酸锌叶面肥，若摘袋采收共喷施 2～3次，若带袋采收共喷施 4 次；果实摘袋后至果实采收前 10 天，每 5～7 天喷施 1 次 600～800 倍含氨基酸锌叶面肥，共喷施 1～

2 次。②无袋栽培模式。从盛花至果实采收前 10 天结束，每 10 天左右喷施 1 次 600～800 倍含氨基酸锌叶面肥，共喷施 6～8 次。

143. 富硒、富锌等功能性果品生产技术的应用效果如何？

（1）技术效果。采用功能性果品生产技术，能显著提高果实硒元素和锌元素含量，以富硒葡萄为例，由农业农村部果品及苗木质量监督检验测试中心（兴城）测定表明，中国农业科学院果树研究所葡萄核心技术试验示范园和示范基地按照该生产技术规程生产的富硒葡萄果实硒元素含量分别为：威代尔（露地栽培）0.048 毫克/千克（鲜重）、藤稔（设施栽培）0.032 毫克/千克（鲜重）、红地球（露地栽培）0.020 毫克/千克（鲜重）、巨峰（露地栽培）0.028 毫克/千克（鲜重）、玫瑰香（露地栽培）0.024 毫克/千克（鲜重）；农业农村部果品及苗木质量监督检验测试中心（郑州）测定表明，山东省鲜食葡萄研究所按照该生产技术规程生产的富硒葡萄果实硒元素含量分别为：金手指（设施栽培）0.045 毫克/千克（鲜重）、摩尔多瓦（设施栽培）0.021 毫克/千克（鲜重）、巨峰（设施栽培）0.030 毫克/千克（鲜重），完全符合由中国食品工业协会花卉食品专业委员会发布的中国食品行业标准《天然富硒食品硒含量分类标准（HB001/T—2013）》规定的富硒水果含量范围 0.01～0.48 毫克/千克（鲜重），而对照组葡萄果实的硒元素含量仅为 0.000 6～0.000 9 毫克/千克（鲜重）。另外喷施氨基酸硒叶面肥可显著改善叶片质量（表现为叶片增厚、比叶重增加、栅栏组织和海绵组织增厚、栅海比增大，叶绿素 a、叶绿素 b 和总叶绿素含量增加），抑制光呼吸，提高叶片净光合速率，延缓叶片衰老；促进花芽分化，使果实成熟期显著提前；显著改善果实品质，单粒重及可溶性固形物含量、维生素 C 含量和 SOD

酶活性明显增加，香味变浓，果粒表面光洁度明显提高，并显著提高果实成熟的一致性；改善果实的耐贮性，果实硬度和果柄拉力明显提高；同时提高葡萄植株对高温、低温、干旱等的抗性和抗病性，促进枝条成熟，改善葡萄植株的越冬性（彩图 44、彩图 45）。

（2）经济效益。在鲜食葡萄实际生产中，喷施氨基酸硒叶面肥每亩成本增加约 200 元，喷施氨基酸硒叶面肥后每年减少 4 次杀菌剂的使用，可减少农药投入至少 300 元/亩。同时，由于硒元素的保健功能，富硒葡萄售价远高于普通葡萄，例如，露地栽培富硒玫瑰香和富硒 8611 销售价格分别比普通玫瑰香和普通 8611 高 3 元/千克和 2 元/千克；又如，山西运城盐湖区会荣水果种植专业合作社采用中国农业科学院果树研究所研发的功能性果品富硒葡萄生产技术生产的富硒葡萄售价高达 19～38 元/千克，亩收入 8 万元以上。经核算，喷施氨基酸硒叶面肥后，鲜食葡萄每亩增值 8 000 元以上。

九 设施葡萄的产期调控

144. 如何调控设施葡萄的产期？

在促早栽培中，设施葡萄的产期主要由需冷量大小（影响休眠解除早晚）、需热量大小（影响开花早晚）和果实发育期的长短（影响果实成熟早晚）等共同调节。在避雨栽培和延迟栽培中，设施葡萄的产期主要受开花的早晚和果实发育期的长短等影响。需冷量和需热量包含着葡萄萌芽展叶对温度不同要求的两个重要时期，即休眠期和催芽期。葡萄进入深休眠后，只有休眠解除即满足品种的需冷量（如使用破眠剂，则有效低温累积满足品种需冷量的 2/3 即可）后才能升温，否则，过早升温会引起不萌芽或萌芽延迟且不整齐、新梢生长不一致、花序退化、浆果产量和品质下降等问题。需冷量满足后，一定的热量累积（需热量）是葡萄萌芽展叶必不可少的。展叶后的温度决定葡萄果实生长发育各物候期的长短及通过某一物候期的速度，以积温因素对果实发育变化速率影响最为显著。在冷凉的气候条件下，热量累积缓慢，浆果糖分累积及成熟过程变慢，一般品种的采收期比其正常采收期延迟；相反，在气温高的年份葡萄采收期将提早。综上，设施葡萄的产期调控主要通过休眠调控和果实成熟调控来实现。

145. 设施葡萄常用品种的需冷量是多少？

中国农业科学院果树研究所葡萄课题组于 2009—2012 年，

连续 3 年利用 0～7.2℃模型、≤7.2℃模型和犹它模型等 3 种需冷量估算模型对 22 个设施葡萄常用品种的需冷量进行了测定，结果见表 16，供广大种植者参考。

表 16 不同需冷量估算模型估算的不同设施葡萄
品种及品种群的需冷量（2013 年）

品种及品种群	0～7.2℃模型（小时）	≤7.2℃模型（小时）	犹它模型（C·U）	品种及品种群	0～7.2℃模型（小时）	≤7.2℃模型（小时）	犹它模型（C·U）
87－1	573	573	917	布朗无核	573	573	917
红香妃	573	573	917	莎巴珍珠	573	573	917
京秀	645	645	985	香妃	645	645	985
8612	717	717	1 046	奥古斯特	717	717	1 046
奥迪亚无核	717	717	1 046	藤稔	756	958	859
红地球	762	762	1 036	矢富萝莎	781	1 030	877
火焰无核	781	1 030	877	红旗特早玫瑰	804	1 102	926
巨玫瑰	804	1 102	926	巨峰	844	1 246	953
红双味	857	861	1 090	夏黑无核	857	861	1 090
凤凰 51	971	1 005	1 090	优无核	971	1 005	1 090
火星无核	971	1 005	1 090	无核早红	971	1 005	1 090

146. 促进休眠解除的物理措施主要有哪些？

（1）三段式温度管理人工集中预冷技术。利用夜间自然低温进行集中降温的预冷技术是目前生产上最常用的人工破眠措施，即当深秋初冬，日平均气温稳定通过 7～10℃时，进行扣棚并覆盖草苫或保温被。在传统人工集中预冷的基础上，中国农业科学院果树研究所葡萄课题组创新性提出三段式温度管理人工集中预冷技术（彩图 46），使休眠解除效率显著提高，休眠解除时间显著提前。具体操作如下。①人工集中预冷前期（从覆盖草苫或保温被开始，到最低气温低于 0℃止）。夜间揭开草苫或保温被并开启通风口，让冷空气进入，白天盖上草苫或保温被并关闭通风口，保持棚室内的低温。②人工集中预冷中期（从最低气温低于 0℃开始，至白天大多数时间低于 0℃止）。昼夜覆盖草苫或保温被，防止夜间温度过低。③人工集中预冷后期（从白天大多数时间低于 0℃开始，至开始升温止）。夜晚覆盖草苫或保温被，白天适当开启草苫或保温被，让设施内气温略有回升，升至 7～10℃后覆盖草苫或保温被。三段式温度管理人工集中预冷的调控标准为：使设施内绝大部分时间气温维持在 0～9℃，一方面使温室内温度保持在利于解除休眠的温度范围内，另一方面避免地温过低，以利升温时气温与地温协调一致。

（2）带叶休眠技术（彩图 47）。中国农业科学院果树研究所葡萄课题组多年研究结果表明，在人工集中预冷过程中，与传统去叶休眠相比，采取带叶休眠的葡萄植株可以提前解除休眠，而且葡萄花芽质量有显著改善。因此，在人工集中预冷过程中，一定要采取带叶休眠的措施，不应采取人工摘叶或化学去叶的方法，即在叶片未受霜冻伤害时扣棚，开始进行带叶休眠三段式温度管理人工集中预冷处理，叶片自然脱落后再进行冬剪。

147. 促进休眠解除时，常用破眠剂主要有哪些？

（1）石灰氮。使用时，一般是调成糊状进行涂芽或者经过清水浸泡后取高浓度的上清液进行喷施。石灰氮水溶液的配制：将粉末状药剂置于非铁容器中，加入 4～10 倍体积的温水（40℃左右），充分搅拌后静置 4～6 小时，然后取上清液备用。为提高石灰氮溶液的稳定性及其破眠效果，减少药害的发生，适当调整溶液的 pH 是一种简单可行的方法。在 pH 为 8 时，药剂表现出稳定的破眠效果，而且贮存时间也可以相应延长；调整石灰氮的

pH 可用无机酸（如硫酸、盐酸和硝酸等）或有机酸（如醋酸等）。石灰氮打破葡萄休眠的有效浓度因处理时期和葡萄品种而异，一般情况下是 1 份石灰氮兑 4～10 份水。

（2）单氰胺。一般认为单氰胺对葡萄的破眠效果比石灰氮好。在葡萄生产中，目前主要采用经特殊工艺处理后含有 50% 有效成分（H_2CN_2）的稳定单氰胺水溶液，在室温下其贮藏有效期很短，如在 1.5～5℃ 条件下冷藏，有效期可以保持 1 年以上。单氰胺打破葡萄休眠的有效浓度因处理时期和葡萄品种而异，一般情况下是 0.5%～3.0%。配制 H_2CN_2 水溶液时需要加入非离子型表面活性剂（一般按 0.2%～0.4% 的比例）。单氰胺一般不与其他农用药剂混用。

148. **中国农业科学院果树研究所研发的葡萄专用破眠剂是怎样的？**

在葡萄休眠解除机制研究的基础上，中国农业科学院果树研究所葡萄课题组研制出破眠综合效果优于石灰氮和单氰胺的葡萄专用破眠剂——破眠剂 1 号，并申请国家发明专利，用破眠剂 1 号处理后葡萄的萌芽时间介于用石灰氮处理和用单氰胺处理之间，但萌发新梢健壮程度优于石灰氮处理或单氰胺处理（彩图48）。

149. **如何使用破眠剂？**

（1）施用时期。温带地区葡萄的冬促早或春促早栽培中，为使休眠提前解除，促芽提前萌发，需有效低温累积达到葡萄需冷量的 2/3～3/4 时使用 1 次破眠剂。亚热带和热带地区葡萄的避雨栽培中，为使芽正常整齐萌发，需于萌芽前 20～30 天使用 1 次破眠剂。施用时期过早，破眠剂的需要浓度大且效果不好；施用时期过晚，容易出现药害。

（2）施用效果。 破眠剂解除葡萄芽内休眠使芽萌发后，新梢的延长生长取决于处理时植株所处的生理阶段，处理时期不能过早，过早处理葡萄芽萌发后新梢延长生长受限。

（3）施用时天气情况。 破眠剂处理选择晴好天气进行，气温以 10～20℃最佳，低于 5℃时应取消处理。

（4）施用时空气和土壤湿度。 从破眠剂使用到萌芽期间的相对空气湿度保持在 80％以上最佳，不能低于 60％，否则严重影响使用效果。破眠剂使用后需要立即浇 1 遍透水。

（5）施用方法。 直接喷施休眠枝条（务必喷施均匀周到）或直接涂抹休眠芽；如用刀片或锯条将休眠芽上方枝条刻伤后再使用破眠剂，破眠效果将更佳。

（6）安全事项与贮藏保存。 破眠剂均具有一定毒性，在处理或贮藏时应注意安全防护，要避免药液同皮肤直接接触；由于其具有较强的醇溶性，因此，操作人员应注意在使用前后 1 天内不可饮酒；同时，应放在儿童触摸不到的地方；于避光干燥处保存，不能与酸或碱放在一起。

150. 在设施葡萄生产中，何时升温为宜？

（1）冬促早栽培。 据各品种需冷量确定升温时间，待需冷量满足后方可升温。葡萄的自然休眠期较长，一般自然休眠结束多在 12 月初至翌年 1 月中下旬。如果过早升温，葡萄需冷量得不到满足，造成发芽迟缓且不整齐、卷须多、新梢生长不一致、花序退化、浆果产量降低、品质变劣。

（2）春促早栽培。 春促早栽培升温时间主要根据设施保温能力确定，一般情况下扣棚升温时间为在当地露地栽培葡萄萌芽时间的基础上提前约 2 个月。

151. 如何将葡萄冬芽的自然休眠逆转，使其萌芽开花继续生长发育？

(1) 促进休眠逆转的物理措施——新梢短截。在冬芽花芽分化完成后至生理休眠发育到深休眠状态前进行新梢短截，在辽宁兴城一般于7月下旬至9月上旬进行，留4～6节（如保留第一次果则留6～8节）短截，同时，将剪口芽的主梢和副梢叶片剪除，剪口芽饱满、呈黄白色为宜，变褐的芽不易萌发，新鲜带红的芽虽易萌发，但不易出现结果枝。一般新梢剪口粗度大于0.8厘米时更有利于诱发大穗花序，利用葡萄低节位花芽分化早的特点，对长势中庸的发育枝，应降低修剪节位使其剪口粗度达到要求。

(2) 促进休眠逆转的化学措施——使用破眠剂。如剪口芽呈黄白色，则剪口芽不需涂抹破眠剂进行催芽处理冬芽即可整齐萌发。如剪口芽已经变褐，则剪口芽需涂抹破眠剂，如石灰氮、破眠剂1号（中国农业科学院果树研究所葡萄课题组研制的葡萄专用破眠剂）或单氰胺等，进行催芽处理促使冬芽整齐萌发；在傍晚空气湿度较高时处理最佳，处理后24小时不下雨破眠效果更好，处理时土壤最好能保持潮湿状态，如果土壤干燥需立即进行灌溉；空气干燥（<80%）时以使用单氰胺效果最佳，空气湿润（>80%）时以使用破眠剂1号效果最佳。

(3) 配套措施——环境调控。①人工补光。在温带地区的设施葡萄秋促早栽培期间，由于受短日照环境影响，葡萄新梢停长过早，新梢叶面积生长不足导致相当部分的叶面积未能达到正常生理标准，叶片早衰，光合作用效果差，妨碍果实继续膨大，严重影响果实的产量和品质，因此，必须进行人工补光。具体做法是：于日照时数<13.5小时开始启动红橙植物生长灯（中国农业科学院果树研究所葡萄课题组研发）进行补光，使日光照时数

达到 13.5 小时以上即可有效克服短日照环境对葡萄生长发育造成的不良影响。一般在 1 000 米² 设施内设置 100～150 个植物生长灯为宜，植物生长灯位于树体上方 0.5～1 米处，夜间设施内光照强度在 20 勒克斯以上即可达到长日照标准。每天于天黑前 0.5 小时或保温被等外保温材料覆盖前开启植物生长灯进行人工补光，至晚上 12 时结束人工补光。②温度控制。12～18℃是诱导葡萄进入休眠的最适温度范围，如果设施内最低气温高于 18℃，则秋促早栽培葡萄保持正常生长发育而不进入休眠。具体的温度调控标准是：从夜间最低气温低于 18℃时（辽宁兴城一般在 9 月上中旬），开始将栽培设施覆盖塑料薄膜，使设施内夜间气温提高到 18℃以上；直至幼果膨大期的 10 月，设施内夜间气温要始终保持在 20℃左右；即使是在初冬的 11 月，夜间设施内气温亦应维持在 15℃以上。这样一方面可以避免秋促早栽培葡萄被诱导进入休眠；另一方面还可以延缓叶片衰老和减轻落叶。果实收获时，为保证果实成熟，其设施内夜间气温至少应保持在 10℃上下；采收结束后，其设施内夜间气温保持在 3℃左右，以便加快叶落过程。

152. 如何避开有效低温需求？

对于葡萄冬芽的萌发而言，需冷量并不是必需的，而需热量是必需的，当需冷量不足时，植株对需热量的需求显著增加。根据葡萄冬芽萌发的这一特性，通过提高催芽期温度迅速有效地增加热量累积可有效避开萌芽对有效低温的需求，进而实现超早期升温和葡萄的早期上市，一般可于 3 月中旬上市。

（1）高密度建园。通过高密度建园可有效避免日光温室内整园葡萄催芽期萌芽不整齐的问题。一般种植密度为 2 500 株/亩（株距 0.3 米左右，行距 1.8 米左右），每株树作为 1 个结果枝组培养，每株留 2～3 个新梢，亩留新梢 3 500～4 000 个为宜。

（2）**催芽期高温处理。**一般于 9 月中下旬至 10 月中下旬冬剪后开始扣棚高温处理，白天温度 40～45℃，不超过 45℃不需开启通风口放风降温，待 50%～80%冬芽萌发后气温方可恢复常规，即白天温度 20～25℃。

（3）**注意事项。**采取此项技术措施，树体衰老较快，一般盛果期仅有 2～3 年的时间。

153. 如何延长环境休眠？

延长环境休眠是延迟栽培的重要技术措施之一，环境休眠延长效果的好坏直接影响延迟栽培果实上市时间的早晚。在春季气温回升时，采取白天覆盖保温被、添加冰块或启动冷风机等人工措施，以维持设施内的低温环境（气温保持在 10℃以下），延长环境休眠使葡萄继续处于休眠状态，进而达到推迟葡萄萌芽、开花和浆果成熟的目的。

154. 温度如何影响葡萄果实的生长发育与成熟采收？

热量是植物生存的必要条件，葡萄是喜温植物，对热量要求高。温度是决定果树物候期进程的重要因素，温度高低不仅与开花早晚密切相关，而且与果实生长发育好坏密切相关。在一定范围内，果实的生长和成熟与温度成正相关，低温抑制果实生长、延缓果实成熟；温度越高，果实生长越快，果实成熟也越早，但超出某一范围，高温则会使果实发育期延长，延缓果实成熟。浆果生长期温度不宜低于 20℃，适宜温度为 25～28℃，此期积温对浆果发育速率影响最为显著，在冷凉的气候条件下，热量累积缓慢，浆果糖分累积及成熟过程变慢，一般品种的采收期比其正常采收期晚。浆果成熟期温度不宜低于 16～17℃，适宜的温度为 28～32℃，低于 14℃时果实不能正常成熟。在果树栽培实践中，早春灌水或园地覆草可降低土壤温度，延缓根系生长，从而使果树开花延迟 5～8 天；同样，早春园地喷水或枝干涂白可降低树体温度和芽温，从而延缓果树开花；将盆栽果树置于冷凉处或将树体覆盖遮阴，延缓温度升高，也能达到延迟开花的目的；温室定植果树早春覆盖草帘或用保温被遮阴，并且添加冰块或开启制冷设备降温可显著延缓果树花期，花期延缓时间与温室保持低温时间有关。植株冷藏延迟栽培技术在我国已在草莓、桃、葡萄等果树上应用，其原理是将成花良好的植株进行冷库冷藏，按计划出库定植，从而自由地调整收获期，实现鲜果的周年供应。于秋季早霜来临之前覆盖棚膜进行葡萄的挂树活体贮藏也可显著延缓葡萄果实的收获期，一般可延缓 50～90 天。

155. 光照如何影响葡萄果实的生长发育与成熟采收？

光照与果实的生长发育和成熟密切相关，改变光照强度和光质可显著影响果实的生长发育和成熟。遮光降低光照强度可抑制葡萄果实发育，延迟成熟。Rojas 和 Morrison 对四年生葡萄进行遮阴处理，表明对叶片进行遮阴可显著抑制浆果生长，延迟成熟，但同时也影响葡萄果实品质，如降低总糖和酒石酸的含量，提高果汁的 pH。日本岛根县以赤芩和莫尔登两个葡萄品种为试材利用覆盖反射紫外线塑料薄膜改变光质的方法延迟葡萄收获期并获得了成功，申请了专利。具体做法是：从发芽期开始覆盖反射紫外线的塑料薄膜，大约于收获前 2 个月改用普通塑料薄膜。在覆盖反射紫外线塑料薄膜期间，新梢生长发育旺盛，始终保持叶色浓绿，果实着色和成熟延迟，更换普通塑料薄膜后果实迅速着色，因此，可以通过改变更换塑料薄膜日期来调节葡萄成熟时间，延长葡萄收获期。日本试验用红色"不织布"进行柿子抑制栽培，可促进果实膨大，延迟采收，且有推迟落叶的趋势，还可有效保持叶片的绿色，维持光合作用。中国农业科学院果树研究所的王海波等通过人工补光技术措施实现了对果实成熟的有效调控，研究表明，人工补充蓝光和紫外线可促进葡萄果实发育和着色，提早成熟，而人工补充红光则推迟果实成熟。

156. 如何利用自然气候资源调控葡萄果实的熟期？

充分利用自然气候资源，并采取相应的栽培技术措施调控果实成熟上市时间，是创建资源高效利用型果树生产模式的要求，可有效节约能源、降低成本，从而获得良好收益。比如西南干热河谷地区和广西南宁等地光照充足、日照时间长、冬季温暖，可利用其特殊的气候条件，采取二次结果技术使葡萄夏秋季开花结果、冬季成熟，或一年两熟，一季提早、一季延后。目前上述两地区利用二次结果技术进行葡萄的秋促早栽培已经获得了成功，并在生产上大面积推广应用。还可利用高海拔高纬度地区冬季时间长、生长季热量累积慢、葡萄春季萌芽开花晚、生长季果实生长发育减缓的自然条件推迟果实成熟上市时间，目前在辽宁沈阳地区和甘肃兰州地区该方法已获得了极大成功。

157. 如何使用植物生长调节剂调控葡萄果实的熟期？

葡萄属非呼吸跃变型果实，在其"转熟"前有脱落酸（ABA）含量的上升，而乙烯在此前水平极低。外用乙烯利反而有延迟成熟的作用。因此，ABA 是葡萄成熟的主导因子。Singh 和 Weaver 在'Tokay'葡萄坐果后 6 周果实慢速生长期（第Ⅱ生长期）施用一种生长素类物质 BTOA（Benzothiazole - 2 -

oxyacetic acid），浓度为 50 毫克/升，使浆果延迟 15 天成熟。Hale 对西拉葡萄的试验也得到相同结果。Davies 等在葡萄上施用 BTOA 可推迟成熟启动与延缓 ABA 含量上升 2 周，并且影响成熟基因的表达。Intrieri 等研究表明在盛花后 10 天施用细胞分裂素类物质 CPPU 使 Moscatual 葡萄浆果成熟延迟。喷施适宜浓度的 ABA 可有效促进设施葡萄的果实成熟，一般可使葡萄果实成熟期提前 10 天左右。中国农业科学院果树研究所葡萄课题组研制的葡萄成熟延缓剂可使果实成熟期推迟 30～50 天。

158. 如何利用嫁接冷藏接穗技术调控葡萄果实的熟期？

通过嫁接冷藏接穗调控果树成熟上市时间，其关键技术和注意事项如下。

(1) 接穗剪取。研究表明红地球以 0.8～1.2 厘米粗度的结果母枝成花最好，且其上花芽以 3～6 节花芽质量最好，因此，在接穗剪取时最好剪取粗度为 0.8～1.2 厘米结果母枝的 2～7 节枝段。

(2) 接穗冷藏。由于接穗冷藏时间较长，最长可达 10 个月的时间，因此，为保证接穗冷藏良好，最好先用石蜡将其全部蜡封然后再进行冷库冷藏。

(3) 接穗嫁接。嫁接时期以新梢基部老化变褐后按照葡萄计划上市时间和葡萄果实发育期确定；嫁接部位以新梢老化部位的 4～6 节段为宜。

159. 是否还有其他技术措施调控葡萄果实的熟期？

适当过载、水分氮肥偏多等都会延迟果实成熟期。Kingston 和 Epenhuijsen 研究指出葡萄最佳叶果比通常是 7～15 厘米²/克，负载量过大会抑制浆果生长和延迟成熟。氮偏多、营养生长过旺会导致果实成熟期推迟。Reighard 研究指出用晚花品种作中间砧可延迟早花品种的开花和成熟。利用果实活体挂树贮藏技术可有效推迟果实的上市期间，在有足够绿叶的情况下，红地球、黄意大利、克瑞森无核和秋黑等品种果实成熟后，能够挂树活体贮藏而保证品质良好，一般可使果实采收时间推迟 50～90 天。利用果实套袋技术也可有效调控果实成熟时期，坐果后，将果穗套绿色或黑色果袋，可显著推迟果实成熟。果实成熟受基因调控，通过基因工程也可达到延迟成熟的目的，在番茄上已成功培育出转基因植株，使果实成熟期大大延迟。

十　设施葡萄的叶片抗衰老

160. 中国农业科学院果树研究所在叶片抗衰老技术方面的研究进展是怎样的？

延迟栽培和秋促早栽培是我国设施葡萄栽培的新形式。目前在设施葡萄延迟栽培和秋促早栽培生产中，随着时间的推移，由于日照时间逐渐缩短、气温逐渐降低等原因，生产上普遍存在生育后期葡萄叶片早衰的现象。叶片衰老问题严重影响果实的产量和品质，已经成为设施葡萄延迟栽培和秋促早栽培可持续发展的重要制约因素之一。经过多年科研攻关，中国农业科学院果树研究所葡萄课题组成功研发出设施葡萄叶片抗衰老关键技术和产品，有效延缓了延迟栽培和秋促早栽培设施葡萄的叶片衰老。彩图 49 是中国农业科学院果树研究所葡萄课题组研发的叶片抗衰老技术的应用效果，葡萄品种为秋黑，2014 年 5 月初萌芽，直到 2015 年 3 月初，叶片仍然保持绿色。

161. 如何利用人工补光技术延缓叶片衰老？

在温带地区，由于受短日照光周期环境的影响，秋促早栽培模式的设施葡萄新梢停长过早，新梢叶面积生长不足导致相当部分的叶面积未能达到正常生理标准，叶片早衰，光合作用效果差，妨碍果实继续膨大，严重影响果实的产量和品质；同样，由于短日照光周期环境的影响，延迟栽培模式的设施葡萄也存在叶片衰老的现象，严重影响了成熟果实的挂树贮藏和品质维持。因此，必须进行人工补光以克服短日照光周期环境导致的叶片衰老问题。于日照时数<13.5小时开始启动红色植物生长灯（中国农业科学院果树研究所葡萄课题组研发）进行人工补光（彩图50），使日光照时数达到13.5小时以上即可有效克服短日照光周期环境对设施葡萄生长发育造成的不良影响。一般在1 000米^{2}设施内设置100～150个植物生长灯为宜，植物生长灯位于树体上方0.5～1米处，夜间设施内光照强度在20勒克斯以上即可达到长日照标准。每天于天黑前0.5小时或保温被等外保温材料覆盖前开启植物生长灯进行人工补光，至晚上12时结束人工补光。

162. 如何通过温度调控延缓叶片衰老？

12～18℃是诱导葡萄进入休眠的最适温度范围，如果设施内最低气温高于18℃，则秋促早栽培设施葡萄保持正常生长发育而不进入休眠并且克服叶片早衰，推迟延迟栽培设施葡萄落叶，有效保持叶片绿色，维持光合作用。当夜间最低气温低于18℃时（辽宁兴城一般是9月上中旬），开始将栽培设施覆盖塑料薄膜进行保温增温，使设施内夜间气温提高到18℃以上；到幼果膨大期，设施内夜间气温则要持续保持在20℃左右；即使是在初冬，夜间设施内气温亦应维持在15℃以上，这样可有效延缓设施葡萄的叶片衰老和落叶；果实收获时，为保证果实成熟，其设施内夜间气温至少应保持在10℃左右。采收结束后，其设施内夜间气温保持在3℃左右，以便加快叶落过程。

163. 如何通过喷施植物生长调节剂延缓叶片衰老？

内源激素在调控叶片衰老中的作用已得到公认。脱落酸（ABA）和乙烯（ETH）在诱导叶片衰老时扮演重要的角色，而生长素（IAA）、细胞分裂素（CTK）和赤霉素（GA）则可在一定程度上延缓叶片的衰老。通过试验证实，外源性施用细胞分裂素或内源性 CTK 浓度增加，均可延缓叶片衰老。6 - BA（6 - 苄基腺嘌呤）是一种较为活跃的细胞分裂素，通过试验证明，苄基腺嘌呤（BA）能维持叶绿体结构的稳定，提高抗氧化酶和光合酶的活性，表现出良好的延缓衰老的作用。对设施延迟栽培的葡萄外源施用 GA_3，发现其能够有效地延缓叶绿素和蛋白质的降解，使葡萄叶片更好地进行光合作用。油菜素内酯（BR）又称芸苔素内酯，作为一种天然的植物激素，普遍存在于植物的种子、花、茎、叶等器官中，有效地延缓了叶片衰老。研究还发现，适宜浓度的多胺能够有效延缓叶绿素和蛋白质的降解，进而延缓叶片衰老。

164. 如何通过肥水管理延缓叶片衰老？

适当增施氮、镁、镍、钙和硒等肥料，可显著提高叶片的叶绿素含量、蛋白质含量和核酸含量，提高活性氧清除酶的活性，有效延缓叶片衰老；适当加大水分供应也可延缓叶片衰老。中国农业科学院果树研究所葡萄课题组在叶片衰老机理研究的基础上，成功研发出抗叶片衰老的叶面肥，可显著延缓设施葡萄的叶片衰老。与对照相比，喷施该叶面肥后，设施葡萄叶片的黄化脱落时间推迟 1～2 个月。

十一　设施葡萄的病虫害综合防治

165. 设施葡萄生产中，病虫发生种类主要有哪些？

葡萄在设施栽培下，原有的露地栽培葡萄园的温湿度等生态条件改变，或在特殊栽培环境下创造了适于某些病虫发生的条件，与露地葡萄相比，其病虫发生主要种类会有些差异。综合我国南北方设施葡萄栽培环境，设施葡萄主要病虫包括葡萄白粉病、葡萄灰霉病、葡萄霜霉病、葡萄穗轴褐枯病、葡萄红蜘蛛/白蜘蛛、蓟马、绿盲蝽、葡萄根瘤蚜（一旦引入具有潜在爆发潜力）等。

166. 设施葡萄主要病害的发生特点和流行诱因是什么？

病害的发生和流行主要受温度和湿度的影响。葡萄灰霉病、葡萄霜霉病和葡萄穗轴褐枯病均属于要求相对低温和高湿度条件的病害，北方日光温室栽培葡萄在早春遇到连续阴天的情况下，由于不能放风降湿，容易诱发灰霉病和霜霉病的发生；花期前后，若遇到低温天气，由于穗轴部分比较幼嫩，容易诱发穗轴褐枯病的发生；葡萄白粉病属于有低湿度要求的病害，干旱闷热多云天气下容易被诱发。

167. 设施葡萄主要虫害的发生特点是什么？

在南方设施葡萄避雨栽培区，绿盲蝽、红蜘蛛/白蜘蛛和蓟马等虫害容易发生，北方设施葡萄栽培区适于红蜘蛛/白蜘蛛和葡萄根瘤蚜的发生。绿盲蝽喜欢温暖、潮湿的环境，又可以为害多种作物，白天在地下杂草中躲藏，傍晚上树为害，趋嫩性强，尤其1代和2代容易为害嫩梢和幼果；蓟马成虫活跃，能飞善跳，扩散快，白天喜在隐蔽处为害，夜间或阴天在叶面上为害，一般气温低于25℃、相对湿度60%以下的环境适宜发生；葡萄白蜘蛛可以在杂草中为害，也可上树为害，南方避雨栽培区生草情况下容易发生，但由于生草也有利于其天敌捕食螨的生存，人工补入捕食螨可实现持续生物防控；北方设施葡萄和草莓等作物混栽时容易引发红蜘蛛，因此，一般要求不在葡萄栽培棚移入其他相关草本植物；葡萄根瘤蚜是检疫性虫害，历史上在上海一带曾有报道，北方露地葡萄由于冬季寒冷不利于根瘤蚜越冬，但设施栽培条件有利其繁殖和越冬，因此要加强检疫。

168. 设施葡萄病虫防控应实施怎样的策略？

还是要采取"预防为主，综合防控"的策略，但在当前的实践中，很多果农仍然坚持以化学防控为主，把化学防控作为第一防线，对生物防控、物理防控等绿色防控措施根本没有采取和贯彻，最终走入"病虫发生—农药施用—等待病虫再发生—再施用农药……"的怪圈。在果业绿色发展的需求下，需要改变"化防为第一防线"的线性思维，真正实施"以生态为基础的绿色防控"策略。具体包括4个技术要点：一是采用健康和抗病资源，加强病虫检疫和苗木高质量生产，尽量采用抗病性强的品种；二是创建良好的葡萄园生态环境，如南方设施内避雨栽培降低湿度，北方温室内铺设塑料膜和膜下滴灌，控制温室内空气湿度等，控制高湿型病害的发生，同时，温室内避免栽植草莓等容易滋生红蜘蛛的草本作物，通过充足的有机肥施用和副梢管理等栽培措施提高树体抗性和改善果园郁闭导致的高湿度环境；三是综合运用生物防控、物理防控等绿色防控技术和手段，如释放捕食螨、悬挂黄板/蓝板诱杀、果实套袋等；四是通过病虫测报精准施药，把化学防控作为最后一道防线。

169. 设施葡萄病害的发生和流行受栽培区域的影响吗？

葡萄病害发生受果园温湿度环境的影响极其明显，果园温湿度环境首先受不同气候区域大气候的影响，其次受葡萄园栽培实践中小气候的影响。气候区的划分，既受纬度的影响，也受海拔高度的影响。在纬度上，我国南北方气候划分一般以秦岭为界，秦岭以南区域年均降水量高于 800 毫米，属于高温高湿的气候区域；秦岭以北则降水量逐步降低，只在雨季呈现高温高湿气候状态，因此，北方葡萄受高温高湿型病害为害的程度较低。但在北方设施葡萄栽培中，春促早葡萄栽培受温度影响较大，由于早春升温后天气阴晴变化，某些年份会造成棚内温度低、不能放风进而湿度高的情况，灰霉病、霜霉病等相对低温高湿型病害有可能暴发为害。

170. 葡萄病虫害的发生受栽培模式的影响吗？

不同的栽培模式影响葡萄园的小气候，会对葡萄病虫害的发生带来重要影响。可以将葡萄栽培大致分为篱壁式栽培和棚架式栽培，篱壁式栽培挂果部位低，有利于在土壤中习居的白腐病的发生，棚架式栽培由于挂果部位高，则不太受白腐病的影响；棚架式栽培要注意枝条的疏密程度和副梢修剪，如果枝条摆放过密、副梢修剪不到位，容易造成冠层的郁闭，诱发葡萄黑痘病、霜霉病等高湿型病害的发生。因此，葡萄栽培措施的优化在很大程度上影响葡萄病害的发生和流行，掌握的大原则就是创造通风透光的果园环境，既有利于葡萄叶片的高光效功能叶片的功能发挥，提升葡萄质量，又有利于降低葡萄病虫害的发生频率和程度。

171. 在设施葡萄生产中，防治病虫害有哪些关键时间点？

（1）**休眠解除至催芽期。** 落叶后，清理田间落叶和修剪下的枝条，集中焚烧，或深埋，或粉碎发酵为堆肥还田，并喷施1次200～300倍80％的必备（固体波尔多液）或1：0.7：100倍波尔多液等；发芽前剥除老树皮，于绒球期喷施3～5波美度石硫合剂，而对于去年病害发生严重的葡萄园，首先喷施美胺后再喷施3～5波美度石硫合剂。

（2）**新梢生长期。** ①2～3叶期。是防治红蜘蛛/白蜘蛛、毛毡病、绿盲蝽、白粉病、黑痘病的非常重要的防治时期。发芽前后干旱，红蜘蛛/白蜘蛛、毛毡病、绿盲蝽和白粉病是防治重点；空气湿度大，黑痘病、炭疽病和霜霉病是防治重点。②花序展露期。是防治炭疽病、黑痘病和斑衣蜡蝉的非常重要的防治重点。花序展露期空气干燥，斑衣蜡蝉、红蜘蛛/白蜘蛛、毛毡病、绿盲蝽和白粉病是防治重点；空气湿度大，黑痘病、炭疽病和霜霉病是防治重点。③花序分离期。是防治灰霉病、黑痘病、炭疽病、霜霉病和穗轴褐枯病的重要防治点，也是开花前最为重要的防治点。此期还是叶面喷肥，防治硼、锌、铁等元素的缺素症的关键时期。

（3）**落花后至果实发育期。** 花后是防治黑痘病、炭疽病和白腐病的防治重点。如设施内空气湿度过大，霜霉病和灰霉病也是防治重点，巨峰系品种要注意防止链格孢菌对果实表皮细胞的伤害；如果空气干燥，白粉病、红蜘蛛/白蜘蛛和毛毡病是防治重点。果实发育期要注意霜霉病、炭疽病、黑痘病、白腐病、斑衣蜡蝉和叶蝉等的防治，此期还是防治缺钙等元素的缺素症的关键时期。

172. 设施葡萄病虫害综合防控中有哪些常用药剂？

（1）**防治虫害的常用药剂。**治红蜘蛛/白蜘蛛和毛毡病等使用杀螨剂如阿维菌素、苦参碱、哒螨灵、四螨嗪、炔螨特、三唑锡、浏阳霉素、噻螨酮、螺螨酯、硫悬浮剂和螺虫乙酯等；防治绿盲蝽和斑衣蜡蝉等使用杀虫剂如苦参碱、天然除虫菊素、烟碱、吡虫啉、灭多威、螺虫乙酯、氯氰菊酯和毒死蜱等。

（2）**防治病害的常用药剂。**防治白粉病常用甲氧基丙烯酸酯类（如嘧菌酯或醚菌酯或吡唑醚菌酯）、烯唑醇、哈茨木霉菌、硫悬浮剂、苯醚甲环唑、氟硅唑、氟菌唑、福美双、戊唑醇、戴挫霉、丙环唑、三唑酮、枯草芽孢杆菌等药剂。防治黑痘病常用波尔多液、水胆矾石膏、甲氧基丙烯酸酯类（如嘧菌酯）、代森锰锌、烯唑醇、苯醚甲环唑、氟硅唑、戴挫霉、戊唑醇、多菌灵等药剂。防治炭疽病常用波尔多液、代森锰锌、嘧菌酯、水胆矾石膏、苯醚甲环唑、四级铵盐类、甲氧基丙烯酸酯类（如吡唑醚菌酯或嘧菌酯）、戴挫霉、丙环唑、哈茨木霉菌、戊唑醇、福美双等杀菌剂。防治霜霉病常用波尔多液、甲氧基丙烯酸酯类、水胆矾石膏、代森锰锌、嘧菌酯、烯酰吗啉、吡唑醚菌酯、甲霜灵、哈茨木霉菌和霜脲氰等杀菌剂。防治灰霉病常用波尔多液、福美双、嘧菌酯、嘧霉胺、戴挫霉、异菌脲、腐霉利、哈茨木霉菌、多菌灵、多抗霉素、丙环唑和甲氧基丙烯酸酯类等药剂。防治白腐病常用波尔多液、代森锰锌、甲氧基丙烯酸酯类、烯唑醇、嘧菌酯、苯醚甲环唑、戊唑醇、戴挫霉和氟硅唑等药剂。防治酸腐病先摘袋，剪除烂果（烂果不能随意丢在田间，应使用袋子或桶收集到一起，带出田外，挖坑深埋），用80％水胆矾石膏400倍液＋2.5％联苯菊酯1 500倍液（或＋灭蝇胺5 000倍液）混合液，涮果穗或浸果穗，药液干燥后重新套袋（用新袋）；对于葡萄品种混杂的果园，在成熟早的葡萄品种的转色期用80％水胆矾石膏400倍液＋2.5％联苯菊酯1 500倍液＋灭蝇胺5 000倍液混合液整树喷洒，并配合使用地面熏蒸性杀虫剂。

173. 可以对葡萄病害的抗药性进行检测和监测吗？有哪些技术手段？

在重要的时期对葡萄白粉病、霜霉病等重大病害的药剂防控是必不可少的，且使用次数也较多；生产中葡萄病害产生抗药性的概率也较大，情况较严重，因此，有必要对区域内主要病害的抗药性进行定期检测，目前的抗性方法研究也能够支撑对葡萄病害抗药性的监测。室内抗药性检测方法包括传统的菌丝生长速率法、抗药基因变异检测、双荧光染色等方法。传统的菌丝生长速率法要求病原菌能够进行室内分离培养；抗药基因变异检测方法较快，但需要对特定药剂抗药性基因进行研究发现；双荧光染色法原理是通过两种不同染色剂来区分病菌孢子的存活，可以针对大部分药剂进行抗药性检测且检测过程比较快。

174. 设施栽培条件下，可以防控葡萄病毒病吗？

葡萄病毒主要通过嫁接传播，目前还没有较好的药剂以消除病毒，因此，植株一旦被侵染则终生带毒。设施葡萄可以通过加强水肥管理来适当降低病毒的为害程度；另外，某些病毒病的症状表现和为害程度与砧穗组合有关，在设施情况下，北方的栽培生产也可以不用担心防寒问题，在土壤改造较好的情况下可以采用自根砧苗，解决砧穗组合情况下病毒为害较重的问题，同时，由于没有嫁接过程，也降低了由于砧木带毒增加带毒概率和带毒种类的风险。

参 考 文 献

陈青云，李成华，等，2009. 农业设施学［M］. 北京：中国农业大学出版社.

高东升，王海波，等，2005. 果树保护地栽培新技术［M］. 北京：中国农业出版社.

贺普超，等，1999. 葡萄学［M］. 北京：中国农业出版社.

胡繁荣，等，2008. 设施园艺［M］. 上海：上海交通大学出版社.

贾克功，李淑君，任华中，1999. 果树日光温室栽培［M］. 北京：中国农业大学出版社.

孔庆山，等，2004. 中国葡萄志［M］. 北京：中国农业科学技术出版社.

刘凤之，段长青，2013. 葡萄生产配套技术手册［M］. 北京：中国农业出版社.

刘凤之，王海波，2011. 设施葡萄促早栽培实用技术手册［M］. 北京：中国农业出版社.

马承伟，等，2008. 农业设施设计与建造［M］. 北京：中国农业出版社.

马国瑞，石伟勇，等，2002. 果树营养失调症原色图谱［M］. 北京：中国农业出版社.

穆天民，等，2004. 保护地设施学［M］. 北京：中国林业出版社.

王海波，刘凤之，2017. 图解设施葡萄早熟栽培技术［M］. 北京：中国农业出版社.

王海波，刘凤之，2018. 鲜食葡萄标准化高效生产技术大全［M］. 北京：中国农业出版社.

王海波，刘凤之，2019. 画说果树修剪与嫁接［M］. 北京：中国农业科学技术出版社.

王海波，刘凤之，2019. 葡萄速丰安全高效生产关键技术［M］. 郑州：中原农民出版社.

王世平，张才喜，等，2005. 葡萄设施栽培［M］. 上海：上海教育
　　出版社.

张乃明，等，2006. 设施农业理论与实践［M］. 北京：化学工业出版社.

张占军，赵晓玲，等，2009. 果树设施栽培学［M］. 咸阳：西北农林科技
　　大学出版社.

图书在版编目（CIP）数据

设施葡萄栽培与病虫害防治百问百答 / 王海波，刘凤之主编 . —北京：中国农业出版社，2022.3
（设施园艺作物生产关键技术问答丛书）
ISBN 978 - 7 - 109 - 29234 - 5

Ⅰ.①设… Ⅱ.①王… ②刘… Ⅲ.①葡萄栽培－设施农业－问题解答②葡萄栽培－病虫害防治－问题解答
Ⅳ.①S628 - 44②S436.631 - 44

中国版本图书馆 CIP 数据核字（2022）第 046102 号

中国农业出版社出版
地址：北京市朝阳区麦子店街 18 号楼
邮编：100125
责任编辑：李　瑜　黄　宇
版式设计：王　晨　　责任校对：刘丽香
印刷：北京通州皇家印刷厂
版次：2022 年 3 月第 1 版
印次：2022 年 3 月北京第 1 次印刷
发行：新华书店北京发行所
开本：850mm×1168mm　1/32
印张：5.25　　插页：12
字数：122 千字
定价：29.00 元

日光温室

塑料大棚

避雨棚

彩图 1　不同类型的栽培设施

彩图 2　"两弧一切线"三段式曲直形采光屋面

三层异质复合结构墙体　　　　两层异质复合结构墙体　　　　单层结构墙体

穹形构造的墙体　　　　　　　蜂窝构造的墙体　　　　　　　黑色墙体

彩图3　日光温室的墙体

三层（两层）异质复合结构后坡　　　单层结构后坡　　　　单层结构后坡内层芦苇板

单层结构后坡中间麦秸层　　单层结构后坡中间塑料薄膜保护　　单层结构后坡外层草泥护坡

彩图4　日光温室的后坡

a.草苫

c.中国农业科学院果树研究所研发的新型保温被

彩图5　葡萄栽培设施的保温覆盖材料

b.泡沫保温被

a.防寒沟

b.半地下式温室

彩图6　葡萄栽培设施的防寒沟和半地下式温室

a.进出口与缓冲间   b.蓄水池

彩图7　栽培设施的缓冲间和蓄水池

a.顶卷式卷帘机   b.侧卷式卷帘机

c.中央底卷式卷帘机（左导轨式，右屈臂式）

d.中国农业科学院果树研究所研发的新型中央底卷式卷帘机

彩图8　不同类型的卷帘机

a.山坡地建园

b.戈壁滩建园

c.盐碱地建园　　　　　　　　d.生物有机肥

彩图9　设施葡萄的建园

a.宽行深沟栽培模式　　　　b.高垄栽培模式　　　　c.容器栽培模式

彩图10　设施葡萄的栽培模式

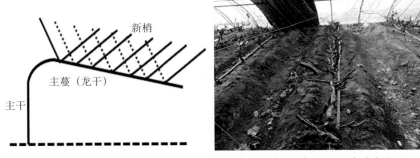

彩图11 倾斜龙干树形示意图及实景图（倾斜Y形架面，北高南低）

彩图12 V形叶幕（新梢间距15厘米，亩留量3 500条左右）

彩图13　V＋1形叶幕示意图及实景图

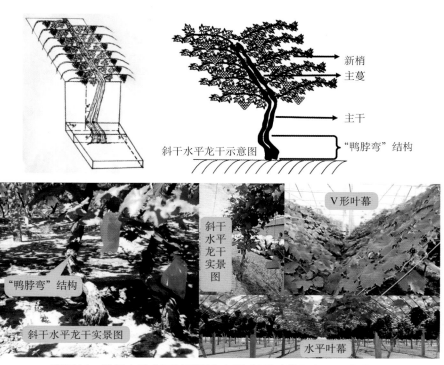

彩图14　斜干水平龙干树形配合水平／V形叶幕示意图及实景图

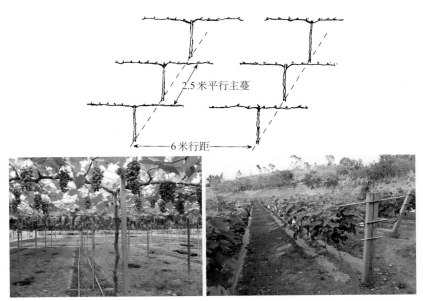

2.5米平行主蔓

6米行距

彩图15 "一"字形水平龙干树形配合水平/V形叶幕结构示意图及实景图

主蔓

5~7米

180~240厘米

侧枝

彩图16 H形水平龙干树形配合水平叶幕结构示意图及实景图

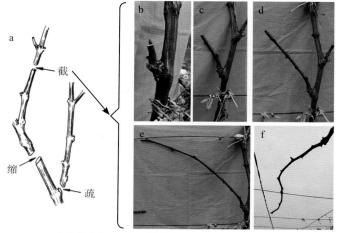

a.3种修剪方法　b.极短梢修剪　c.短梢修剪　d.中梢修剪
e.长梢修剪　f.极长梢修剪

彩图17　葡萄修剪方法（短截、疏剪、缩剪）示意图

双枝更新（基部更新枝短梢修剪，上部结果母枝中梢或长梢修剪）

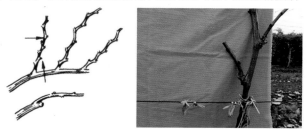

单枝更新

彩图18　结果母枝的更新

a.

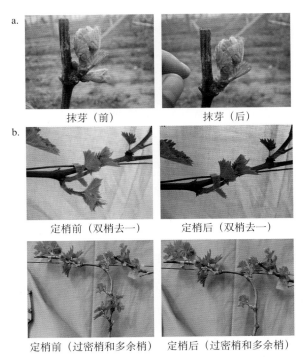

抹芽（前）　　　　　　　　抹芽（后）

b.

定梢前（双梢去一）　　　　定梢后（双梢去一）

定梢前（过密梢和多余梢）　定梢后（过密梢和多余梢）

c.

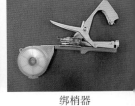

活扣　　定梢绳

死扣

定梢绳定梢及新梢绑缚　　　　　　　绑梢器

彩图19　抹芽、定梢和新梢绑缚

a.主梢摘心（模式化修剪）　　　　　　　　　b.副梢摘心

c.不同主梢（左1和左2）和副梢（左3—6）摘心管理对果实外观的影响

彩图20　主副梢摘心

环剥　　　　　　　　　　　　　　　环割

彩图21　环剥、环割

a.完全重短截更新（剪口芽未变褐） b.完全重短截更新（剪口芽变褐）

留4~6个饱满芽短截

c.选择性短截更新

彩图22 短截更新

a.平茬更新

b.超长梢更新

彩图23 平茬更新和超长梢更新

叶片光氧化

彩图 24 开沟断根施肥

树盘清耕，行间生草（人工生草）　　　全园生草（行内＋行间）　　　　　行内生草

彩图 25 果园生草

树盘覆盖（左覆盖黑地膜，右覆盖园艺地布）

连续20年生草覆草后，土壤有机质含量达20%以上

彩图 26 土壤覆盖

彩图27　光照不足，叶片翻卷，严重时黄化脱落

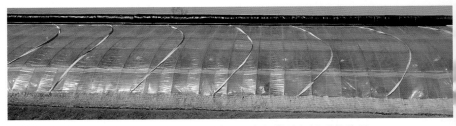

彩图28　帆布条随风飘动，具有经常清扫棚膜的作用

彩图29　改善光照的技术措施

人工加温（左边煤炉，中间热风炉，右边火道）

彩图30　温度调控技术

彩图31　全园覆盖地膜，膜下灌溉

a.固体CO₂气肥　　　　　　b.燃烧法

c.化学反应法

彩图32　二氧化碳施肥

彩图33　花穗的留穗尖圆锥形整形

a.花穗穗尖分枝（左剪除穗尖前，右分枝穗尖剪除后）

b.花穗穗尖扁平（左剪除穗尖前，右扁平穗尖剪除后）

彩图34　穗尖畸形花穗的整形

彩图35　花穗的留中间圆柱形整形

彩图36 果粒疏除前后（左疏粒前，右疏粒后）

彩图37 着色品种套白袋　　　　彩图38 绿黄色品种套黄袋

彩图39 打伞栽培

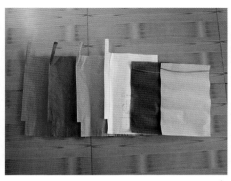

彩图40　中国农业科学院果树研究所研发的葡萄专用果袋

图41　叶面肥正式登记证　　　　图42　优秀产品奖证书

图43　华耐园艺科技奖证书

彩图44　富硒果品生产技术的
　　　　应用效果

彩图45　对照（普通果品生产技术）的应用效果

人工集中预冷前期（白天覆盖保温材料，晚上揭开保温材料）

人工集中预冷中期（白天、晚上均覆盖保温材料）

人工集中预冷后期（白天短时间揭开保温材料，晚上覆盖保温材料）

彩图46　三段式温度管理人工集中预冷技术

叶片被霜冻打坏 带叶休眠

彩图47 带叶休眠技术

刻伤处

葡萄破眠剂的施用

葡萄专用破眠剂——破眠剂1号

左使用石灰氮，右使用破眠剂1号（巨峰）

上使用石灰氮，下使用破眠剂1号（维多利亚）

左使用石灰氮，右使用破眠剂1号（夏黑）

葡萄专用破眠剂——破眠剂1号的施用效果

彩图48 葡萄专用破眠剂及施用效果

彩图49 叶片抗衰老关键技术应用效果

彩图50　红色植物生长灯补光